娯楽する郊外

三浦展
Atsushi Miura

柏書房

郊外を歩いてみたら――
それぞれのまちに隠れた娯楽・文化があった！

鶴見花月園の大山滑り　いまのウォータースライダー（上）
鶴見花月園のダンスホール（下）
（出典：齋藤美技『鶴見花月園秘話』鶴見区文化協会、2007年）

「奥多摩楽々園・ホテル多摩山荘御案内」（提供：青梅市郷土博物館）

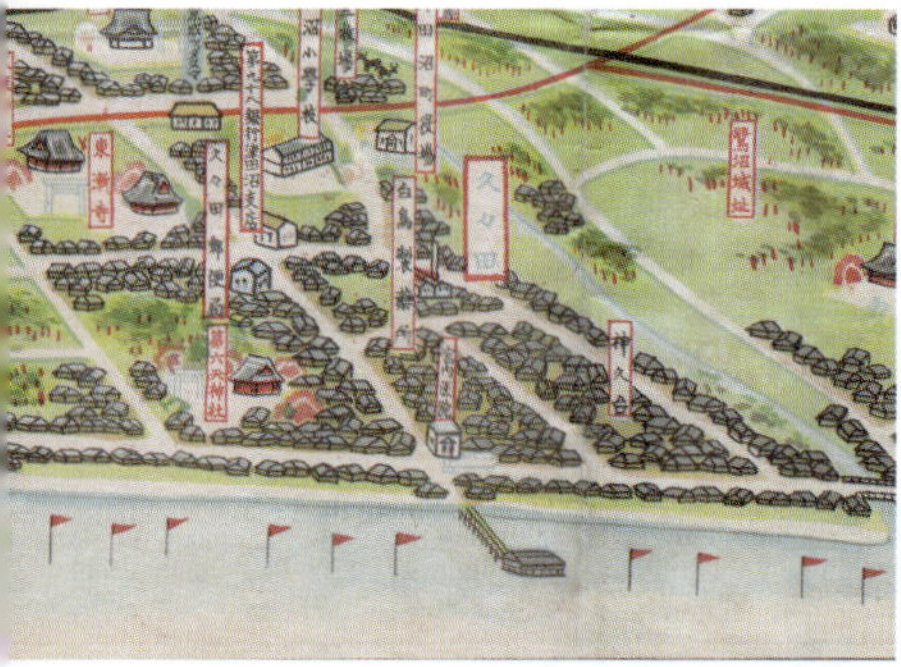

千葉市ゆかりの家・いなげ

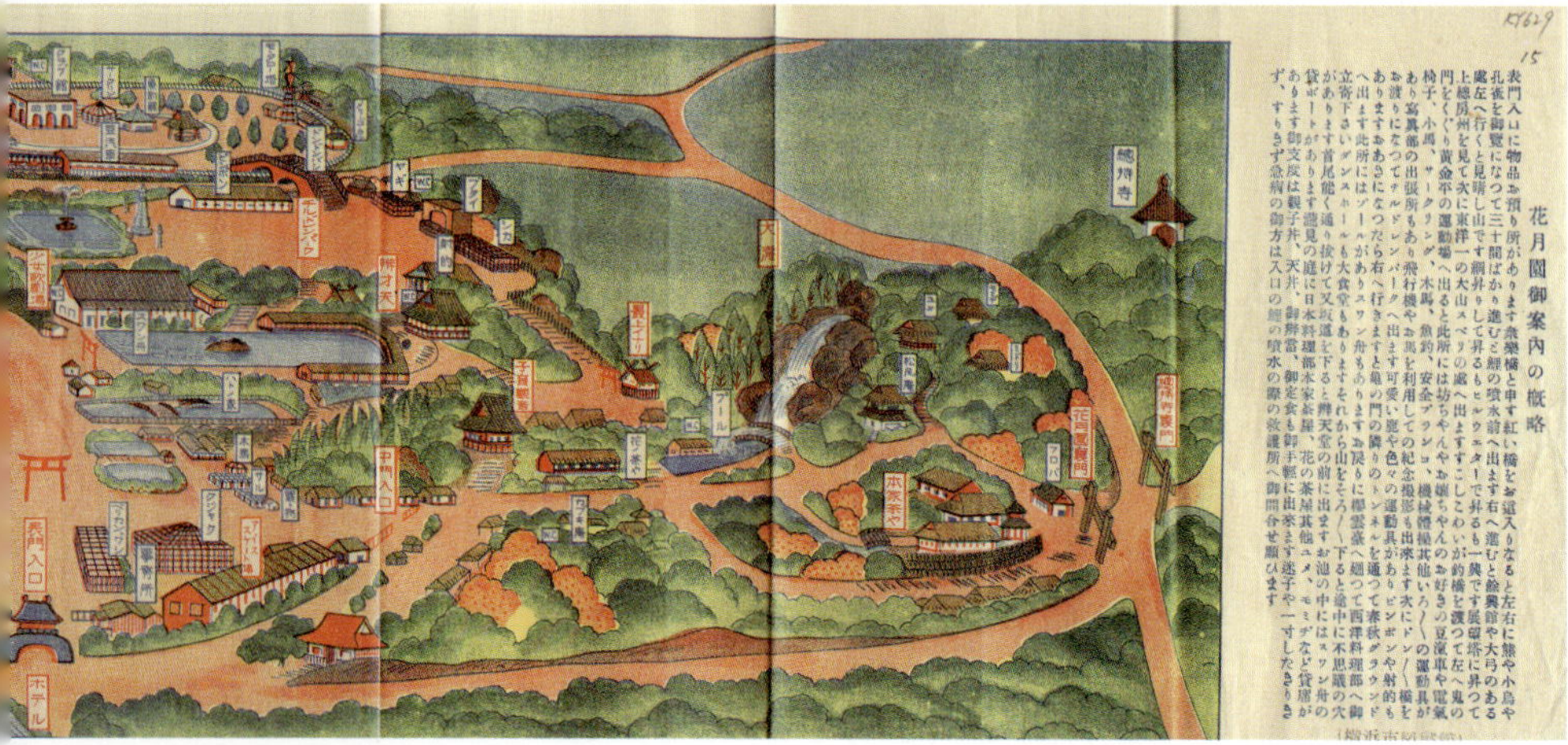

夜具地全盛期のポスター（青梅織物工業共同組合所蔵）

谷津遊園とその周辺。「楽天府」時代の現千葉トヨペット本社が下に見える（提供：習志野市）

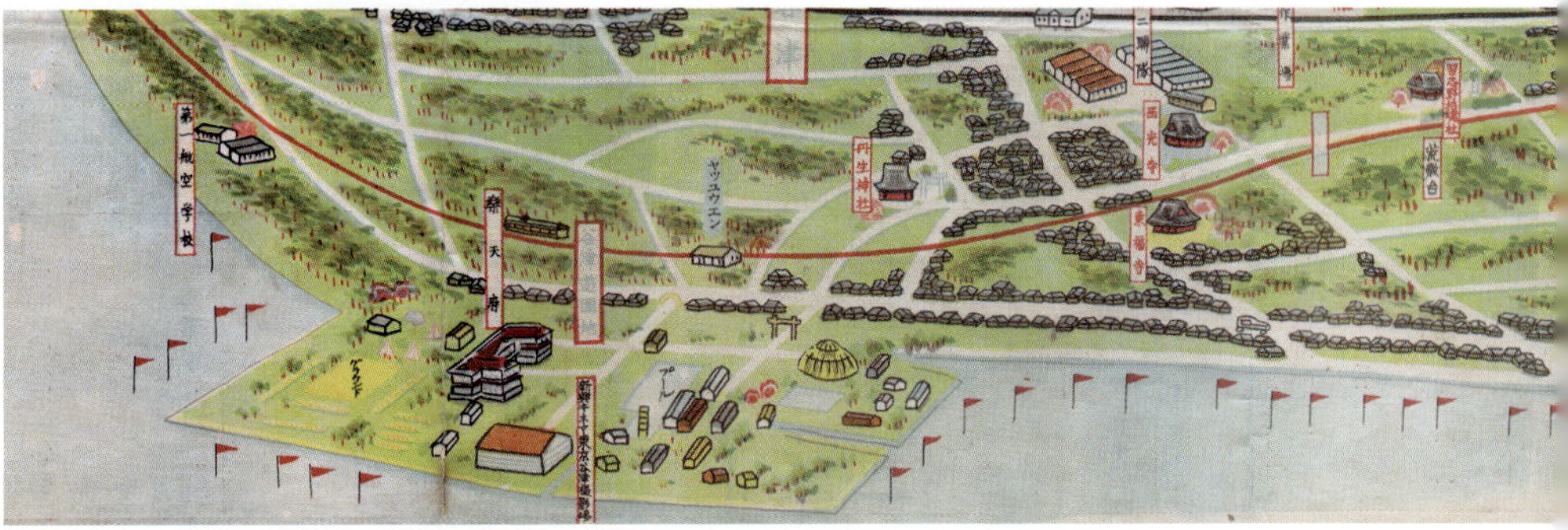

「花月園御案内の概略」（提供：鶴見区文化協会）

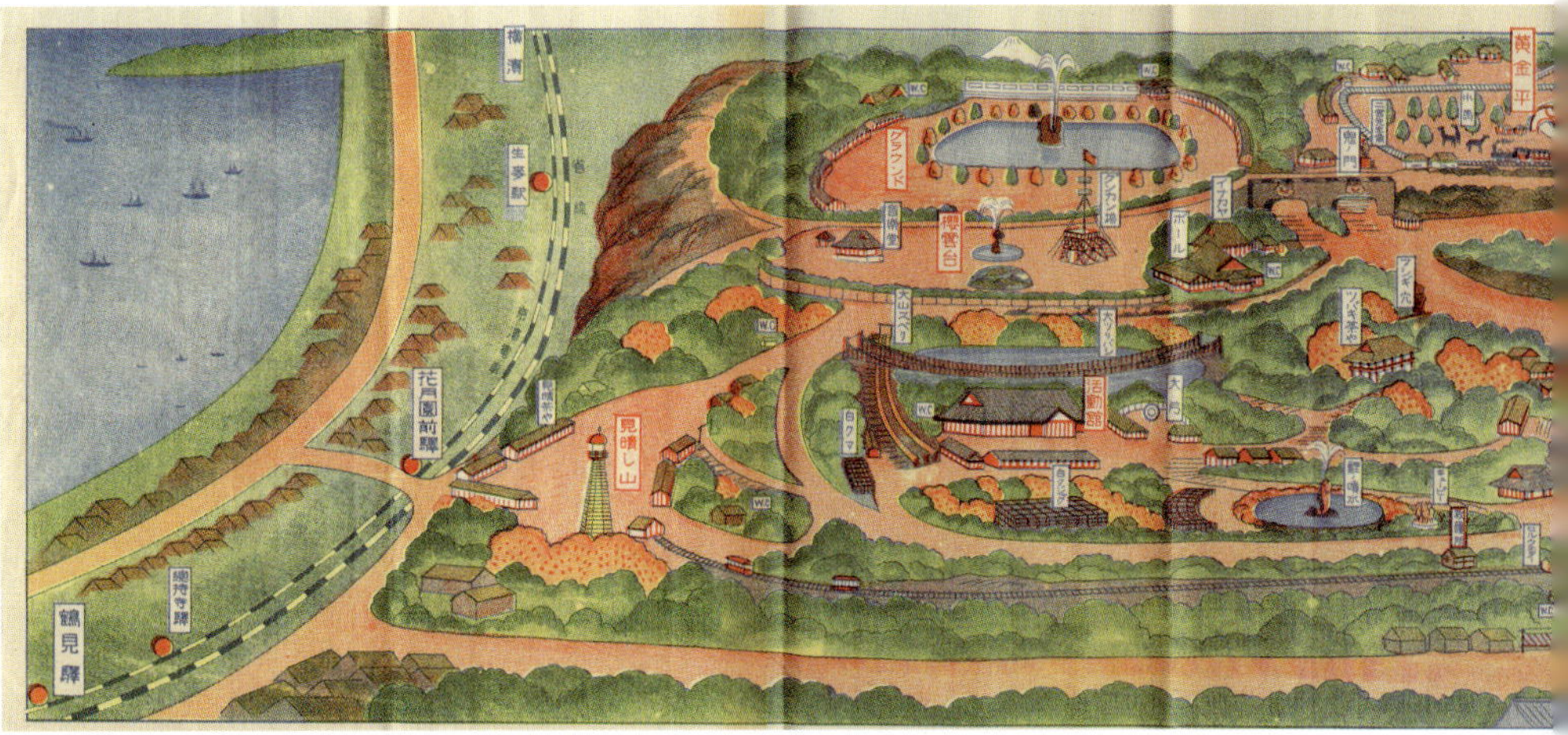

旧神谷伝兵衛邸（稲毛）（提供：千葉市）

賑わう八王子まつり

娯楽する郊外

はじめに

郊外はかつて快楽、娯楽の場所であった。そして、古くからの産業や文化の歴史を持つ魅力的な地域である。本書はそういう視点から郊外を見直そうという趣旨で書かれたものである。

そう考えた最初のきっかけは、埼玉県所沢市の椿峰ニュータウンを歩いてみたことにある。二〇一〇年に建築家の藤村龍至氏と、あるメディアで郊外について対談をする前に、彼が育った住宅地を見ておきたいと思ったからである。

「良いところだなあ」と私は素直に思った。すべてを更地にしないで、もともとあった自然や地形を活かしてつくってあったからだ。

椿峰に少しついて調べてみると、中世は山口氏という武士が治めていた土地で、山城があったという。鎌倉街道で南北につながり、古代には府中、国分寺と比企郡などを結ぶ道路の途中にあったはずだ。そのとき江戸はといえば、まだほとんどが湿地帯だったろう。

ところが山口氏は北条氏に占領され、北条氏は秀吉に負け、山口城は廃城になったのだった。八王子城なども同じ運命を辿った。ほどなく江戸の建設が始まり、今の東京圏全体の勢力地図が完全に変わっていく。

郊外にも長い歴史はあるんだな、と私は気がついた。郊外はそもそも東京の住宅地ではなかった。それぞれの地域が固有の産業と文化を持っていた。今の東京圏全体が、無数の小都市国家からなる連邦のように構成されていたのだ。

だったらそれぞれの小都市の歴史を調べたらさぞ面白いだろうと思った。ニュータウン、新興住宅地としてではない歴史を知ることは、住民たちの地元への愛着（シビックプライド）の醸成にもつながるとも思った。

人口減少や高齢化で悩む郊外ニュータウンの今後の再生方法は、単に吉祥寺風にするとか自由が丘風にするとか、まして駅前にタワーマンションを建てるということではない。

そうではない独自の個性を持った街をつくっていくためには、地域の歴史を知ることが大事だ。都心（urban）の付属物（sub）としての郊外（suburban）ではなく、固有の歴史と価値を持つ自立した地域として見直し、魅力をアップしていけば、それぞれの郊外が〝住みたい街〟になれるのではないかと思った。


郊外がこれから住みたい街になるためには快楽、娯楽が必要である、特に夜の娯楽が必要であると最近私は主張している。

郊外と言えば自然の豊かさが魅力である、というのは江戸時代からずっとそうだった。しかし、これからの大都市圏では、郊外から都心に通勤するのではなく、郊外に住んで郊外で（自宅で）働けるようになるだろう。夕方仕事が終われば、外でビールの一杯も飲みたくなる。誰かと居酒屋で談笑したくなる。そういうことができる場所がこれからの郊外に必要だという意味である。

実は郊外には、昔はいろいろな娯楽があった。江戸時代、あるいはもっと古くから、宿場町など交通の要所だったところが多く、繊維などの産業で栄えたところも多い。そこには料亭があって芸者さんがいたり、寄席や演芸館や映画館や、大人の楽しめる遊園地があったりしたのだ。競馬場をつくった町も少なくない。

住宅地として考えると、歴史が浅い、文化がない、楽しみがない、深みがない、多様性がない、ということになるが、住宅地になる前の歴史を調べると、なかなか面白いのだ。

かつ、昔は交通が不便だったから、都心などどこか一つに機能が集中せずに、それぞれの街の中でいろいろなことをした。それぞれの街に多様な娯楽がひと揃いあったのである。

本書はそういう郊外の隠れた歴史を、特に娯楽を中心に調べた。おそらく住んでいる人自身も知らないことが少なくないはずだ。

地方創生事業を行うとき、まず地域を歩いて、地方の歴史や魅力の再発見をすることから始めることが多いと思うが、実は郊外も同じ作業が必要なのだ。

そういう意味で本書は、法政大学の陣内秀信氏らと私が一緒に書いた『中央線がなかったら』と似ている。中央線が東西一直線に東京を横断し、沿線に多様な個性を持った街が発展していることで、あたかも沿線に最初から歴史や文化があったように勘違いしてしまうが、そうではない、歴史や文化がない地域だから鉄道が敷かれたのであり、歴史や文化は本来鉄道から離れた地域にこそあったのだということを、古道、地形、寺社などに着目しながら調べたのが同書である。

同様に本書も、郊外を、東京駅から何分、最寄駅から歩いて何分という距離とか、地価上昇率といった経済週刊誌のような視点ではなく、つまりサラリーマン的なモノサシではなく、別の見方で見てみようと提案しているのである。そういう意味では本書の内容は、『もしも東京駅（という中心）がなかったら』ということになるかもしれない。

また本書は、一般的な知名度は低いが行ってみると実に魅力的な住宅地をいくつか紹介している。それらは主要な鉄道駅から遠いとか、その地域が全盛期をはるかに過ぎてしまっているとか、あまりに良い住宅地なのですぐに買い手が付くため、かえって住宅情報メディアに載らないなどの理由で、あまり知られていないのである。しかしその住宅地がつくられたときの理想、意欲、野望を探ると、実に面白いのだ。

本書の執筆に当たっては、資料を渉猟するだけでなく、実際に当該地域をできるかぎり歩いた。それによって隠されている街の古い文化的地層を発見したいと考えたからだ。

「ブラタモリ」は地形や地層を見るのが好きだが、本書はいわば文化的・社会的な地形や地層を探るものだとも言えるだろう。とはいえ、難しいことは抜きにして、郊外散歩のお供にしていただける本にもなっている。

末尾になったが、取材や資料提供でご協力頂いた皆様に深く感謝を申し上げたい。

著　者

娯楽する郊外　目次

稲毛・谷津　ラストエンペラー、デンキブラン、沢村栄治ゆかりの地

鶴見花月園　武士と芸者がつくった東洋一の娯楽の殿堂

八王子　花街を核とした街づくりで復活の機運が盛り上がる

柏　競馬場とゴルフ場で〝宝塚〟をつくりたかった

大宮・浦和　芝居、遊廓、ヌード劇場もあった宿場町

保谷　早稲田大学建築学科教授たちの展示場

初出

本書は株式会社ライフルのインターネットメディアである「ホームズプレス」に二〇一七年九月から二〇一八年一〇月に連載された原稿に加筆した。ただし、大宮、浦和、所沢、飯能については拙著『東京郊外の生存競争が始まった！』（光文社）に掲載された原稿に加筆した。

船橋

戦前の高級住宅地・海神と花輪台、沿岸の料亭街

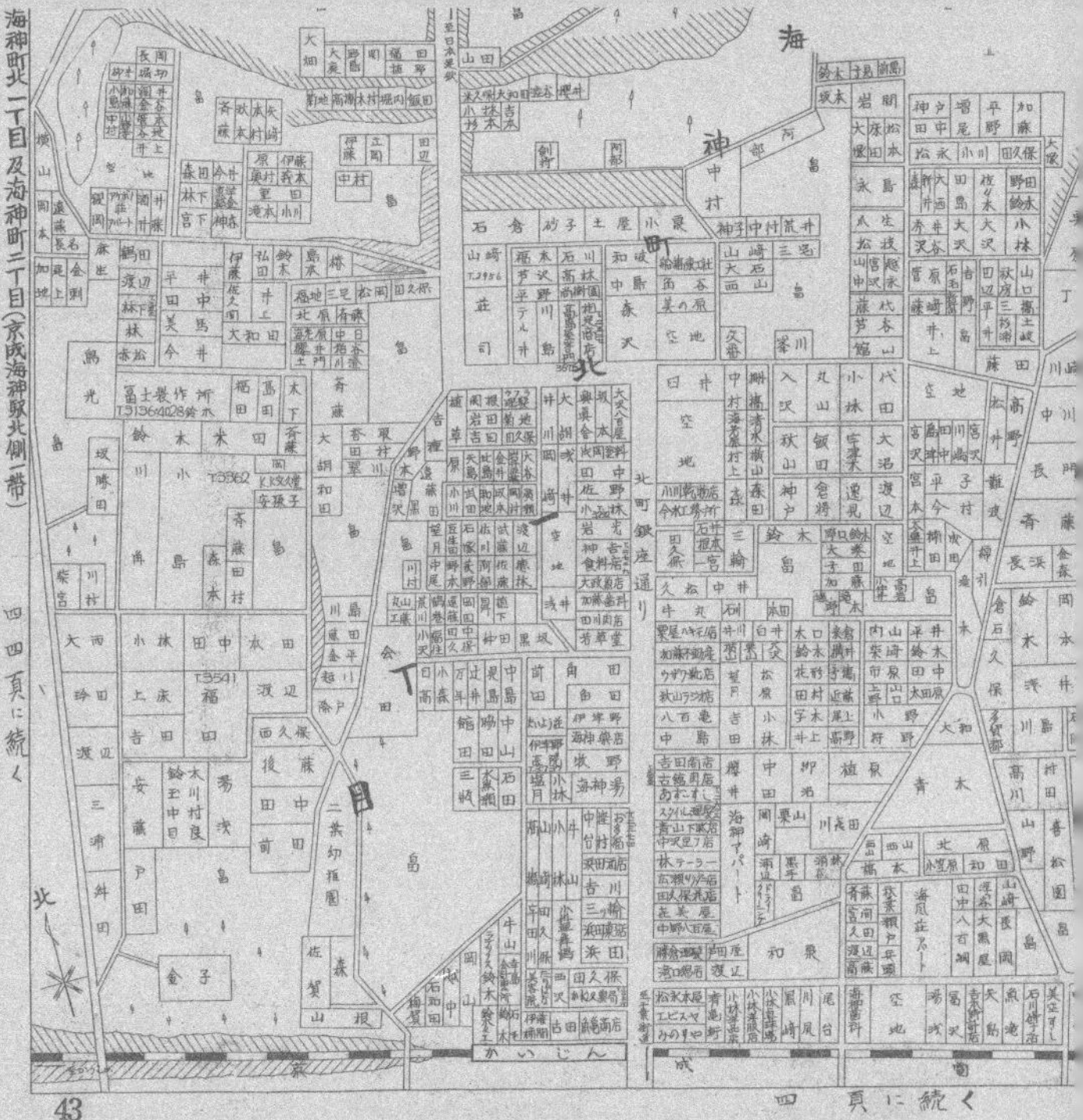

海浜別荘住宅地・海神台

船橋から私が連想するものというと、ストリップ劇場である。それから巨大娯楽施設船橋ヘルスセンター。私は地方出身者だが、ヘルスセンターは地方でも広告を打っていたし、ストリップ劇場については、深夜テレビ番組の11PMで見たからだ（今は両方ともない）。

東京で就職した頃は、船橋には巨大ショッピングセンターのららぽーと（ヘルスセンターの跡地にできた）、その後、人工スキー場ザウス、最近はイケア。いずれにしても海側で、商業娯楽のイメージが強い。だから、住宅地といわれても、戦後の住宅公団や民間による巨大団地やニュータウンのイメージが先行する。つまり何でも大衆的で巨大なのだ。

ところがだ。あったんですねえ、船橋にも、高級住宅地が。一九三三（昭和八）年に京成電鉄が開発した海浜別荘住宅地として売り出されたのがそれだ。京成線で船橋の一つ東京寄りの海神駅が最寄り。駅の北側の海神台、あるいは海神山といわれる丘陵地に、それはできた。

京成電鉄最初の不動産開発事業で、総面積は一万八四〇〇坪、分譲戸数は八六だった。ということは一戸平均二一四坪、約七〇〇㎡である（道路を含む）。今から見るとだいぶ広い。中には一〇〇〇坪を超えるものもあったようだ。

海神台分譲地は即座に完売し、京成電鉄は市川、稲毛、千葉海岸、小岩などに散在する社有地を整理・販売し、いずれも即売したという。

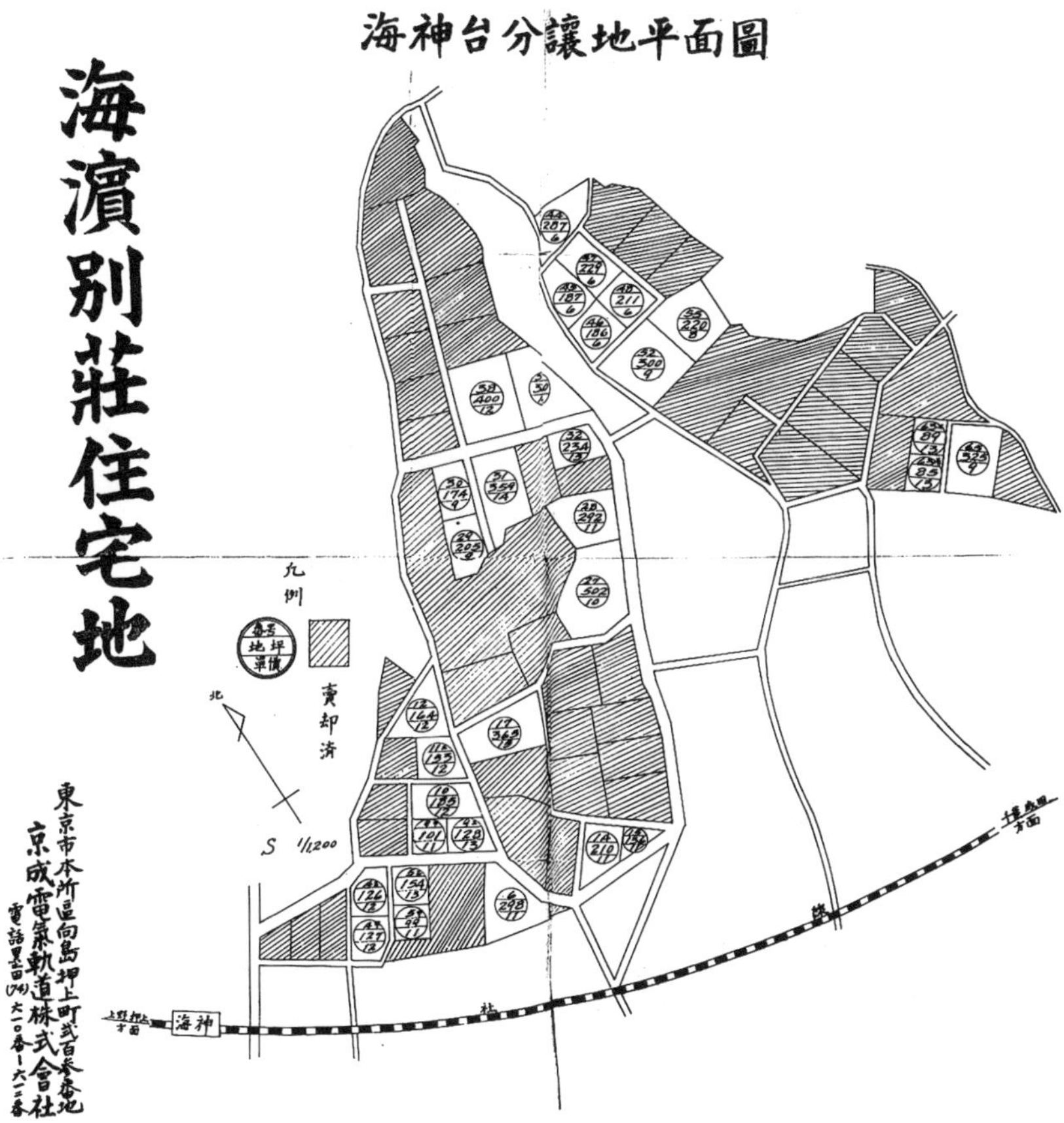

海神台分譲地の平面図（出典：『京成電鉄85年のあゆみ』京成電鉄、1996年）

海神台分譲地

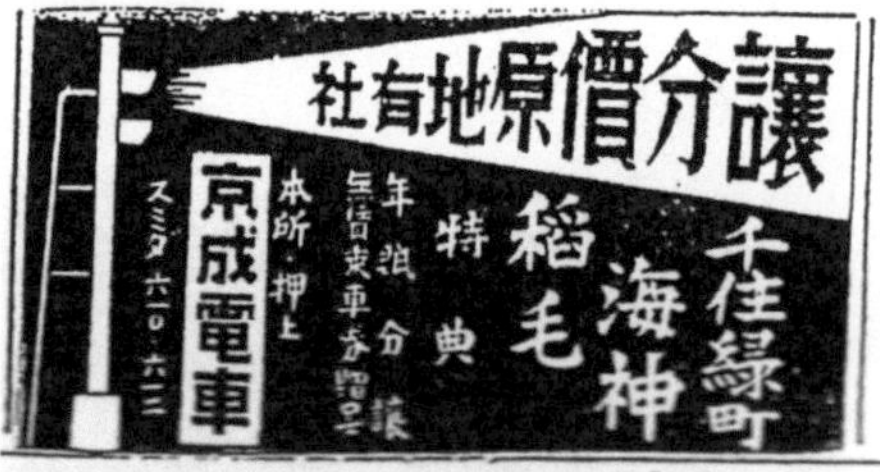

1935年5月26日『読売新聞』夕刊の広告

一九三四（昭和九）年には現在の足立区千住緑町に所有していた土地の一部を分譲し、翌年残りの土地を財団法人同潤会に売却した。緑町の土地は、上野—日暮里間の京成線が地下に敷設されたために、トンネル工事で排出された残土で埋め立てたものである。

同潤会はそこに職工向け分譲住宅地をつくった。これは住宅研究の先駆者、西山《にしやま》卯三《うぞう》が研究したことでも知られる。

当時の新聞広告には、千住緑町、海神、稲毛と書いたものがあるから、これらが沿線上の重要拠点として位置づけられていたのではないかと思われる。

一〇〇〇坪の家もあった

海神山は、昔は一面が松林で、眼下の田圃の向こうに東京湾を望み、西には富士山が見えるという風光明媚な土地だった。明治以来、船橋、市川などでは、軍関係の施設が増えたため、軍の将校、外国の武官、留学生たちの住宅ができ、特に薬園台にあった陸軍騎兵学校の関係者が多かったらしい。

そういう軍人たちを兵卒が毎朝迎えに来るときの軍靴の音、馬具のきしむ音、馬の蹄の音、サーベルががちゃがちゃいう音などが海神山の音の原風景であり、いつしか人々は海神山を将軍山と呼ぶようになったという。

しかし、今の海神台はかなり土地が分割されている。五〇坪単位の今どきの戸建てが並ぶ区画もある。だが、分譲当初のままかと思われる住宅や、広い敷地を残したところもあり、往時が偲ばれる。

取材後、海神駅近くの寿司屋に入ると、とても美味しい。やはり住民の水準が高いから寿司もうまいのだろう。

寿司屋の主人に尋ねてみた。

「このへんは大きい家が多いですね」

「いやあ、昔はもっと大きかった。五〇〇坪、一〇〇〇坪なんて、ざらだったんだ」

に続く

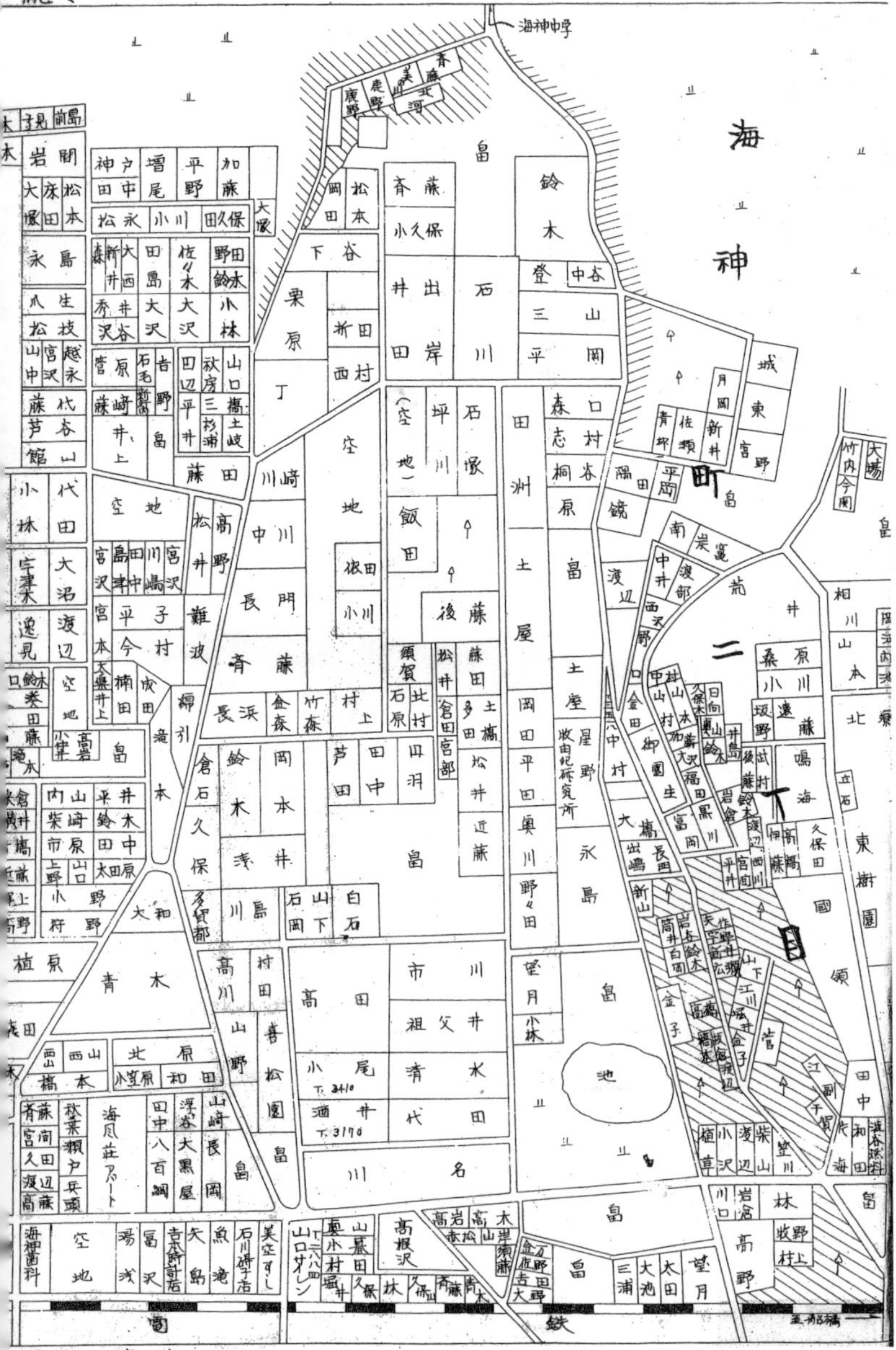

頁に続く

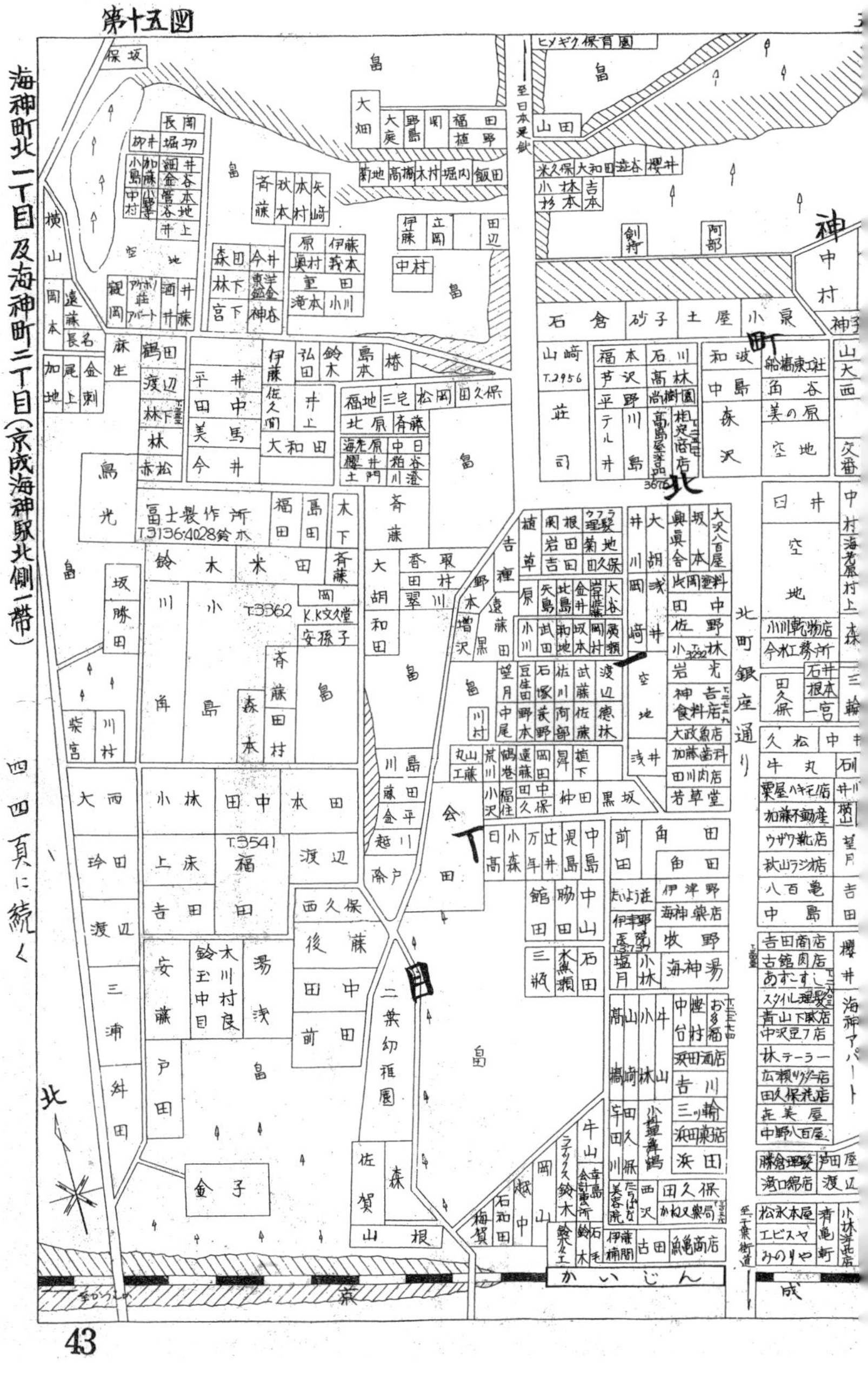

右側の舌状の住宅地が海神台分譲地。区画がとても広い
（出典：『船橋市明細図』新日本明細地図社、1959年）

「船橋中の社長さんが住んでるんですか?」

「東京の社長もいるらしいね」

「昔は軍人ですか?」

「そうそう。中将クラスが多かったね」

「大将はどこですか」と尋ねると、「大将は幕張と市川の菅野だな」という。

謎の花輪台住宅地

海神台分譲地の歴史を調べていると、昔の船橋では「西の海神、東の花輪台」と言われたという記述を見つけた。

花輪台とは住居表示ではなく、住所では船橋市宮本六丁目あたりであり、京成電鉄船橋競馬場駅の北側の高台。県立船橋高校の南側である。昔は船橋競馬場前駅を花輪駅といったらしい。

この花輪台の一角に東船橋緑地がある。これは一九〇七(明治四〇)年頃、凸版印刷株式会社の創始者伊藤貴志の「伊藤別荘」が建てられたところであり、その後、両国で大規模に洋紙卸業を営んでいた山崎梅之助が一九三五(昭和一〇)年に別荘地として取得した。

その息子山崎鉦三《しょうぞう》が一九三六年から三七年にかけて、迎賓館的な使用を目的として木造三階

旧山崎別荘の重厚な石垣

建ての「凌雲荘」（通称「山崎別荘」）を建てた。

また戦前の一時期には、閑院宮《かんいんのみや》邸として使用され、戦後は「観光荘」という名の料理屋になったこともある。

一九九四（平成六）年に船橋市は山崎別荘地全体を購入したが、建物を活用することなく二〇〇〇（平成一二）年に別荘を解体してしまった。

その旧・山崎別荘のまわりが、昭和初期に区画整理され、その後「花輪台」と名付けられて別荘地として宅地分譲された。ただし、開発分譲の主体が誰か、正確な時期はいつかは、船橋市に問い合わせても、明らかではない。

行ってみると、たしかに海神台以上に豪邸が並んでいる。あまり土地が分割されていないようだ。海神台も、土地分割がされる前はこうだったのかも知れない。北西側の市立宮

花輪台

本中学校は敷地も広く緑も多い。その隣の茂呂浅間神社は、一〇〇〇年以上前の創建らしく、古色蒼然とも言うべき雰囲気で、歴史の深さを伝えている。郊外にも、住宅地になる以前の長い歴史があるのだと、あらためて感じさせてくれる場所だった。

海辺にあった三田浜楽園

夕方が近づいたので、花輪台を下り、船橋の繁華街まで歩いた。昔、川端康成や太宰治が訪れた場所があるというからだ。

船橋は、江戸から成田までの成田街道沿いに栄えた宿場町「船橋宿」でもあるが、その中心が船橋本町。京成船橋駅の南側一帯である。今はだいぶビルやマンションが増えたが、高度成長期は労働者が慰安を求める飲食と娯楽の街だった。冒頭に書いたストリップ劇場もあったし、今もソープランドがある街だ。

昔は、街道の南側はすぐに海だったから、魚介を料理し、海を眺められる旅館や料亭がたくさんあった。その一つが玉川旅館。一九二一（大正一〇）年に料亭として創業した。

太宰治は転地療養のために一九三五（昭和一〇）年に一年間、宮本一丁目に住んでいた。その時代に「虚構の春」「ダス・ゲマイネ」などが書かれている。玉川旅館の「桔梗の間」に長期逗留したことがあるという。

玉川旅館の南側にそびえるタワーマンションの敷地は、昔は娯楽の殿堂だった。「三田浜楽園」というもので、もともとは「三田浜塩田」という塩田であり、その所有者の仁礼景範《にれかげのり》が東京の三田に屋敷を持っていたため三田浜と名付けられたという。

そこに、一九二七（昭和二）年にまず割烹旅館ができた。そして一九二九（昭和四）年には塩田が廃止され、「楽園」がつくられていく。

一九三三(昭和八)年から一九三五年頃に川端康成が三田浜楽園を訪れ、旅館で執筆をした。「童謡」という小説は三田浜で書かれたという。

私はどう転んでも川端康成にも太宰治にもなれないが、一度玉川旅館で執筆をしてみたいものだ。

三田浜楽園の全盛期には、割烹旅館、遊園地、児童園、魚釣り場、ビリヤード場、野球場、一八〇〇坪と四万坪の二つの海水プール、地下三〇〇メートルから出るラジウム温泉があり、ま

現在の玉川旅館。背後にはタワーマンションが迫る

往時の三田浜楽園（出典：『船橋町三田浜楽園全景』船橋市郷土資料館）

た、猿、熊、鶴、孔雀などを飼育する動物園があって、多くの人で賑わったという。まるで戦後の船橋ヘルスセンターみたいである。船橋の遺伝子であろうか。

（参考文献）
京成電鉄株式会社『京成電鉄85年のあゆみ』一九九六年
片木篤編『私鉄郊外の誕生』柏書房、二〇一七年
船橋郷土資料館『資料館だより』第五四号、一九八七年
船橋地名研究会・滝口昭二編著『滝口さんと船橋の地名を歩く』崙書房、二〇一四年
小川功「海浜リゾートの創設と観光資本家」『跡見学園女子大学マネジメント学部紀要』第七号、二〇〇九年
船橋市ホームページ

市川

軍隊と芸術で栄えた「東の鎌倉」

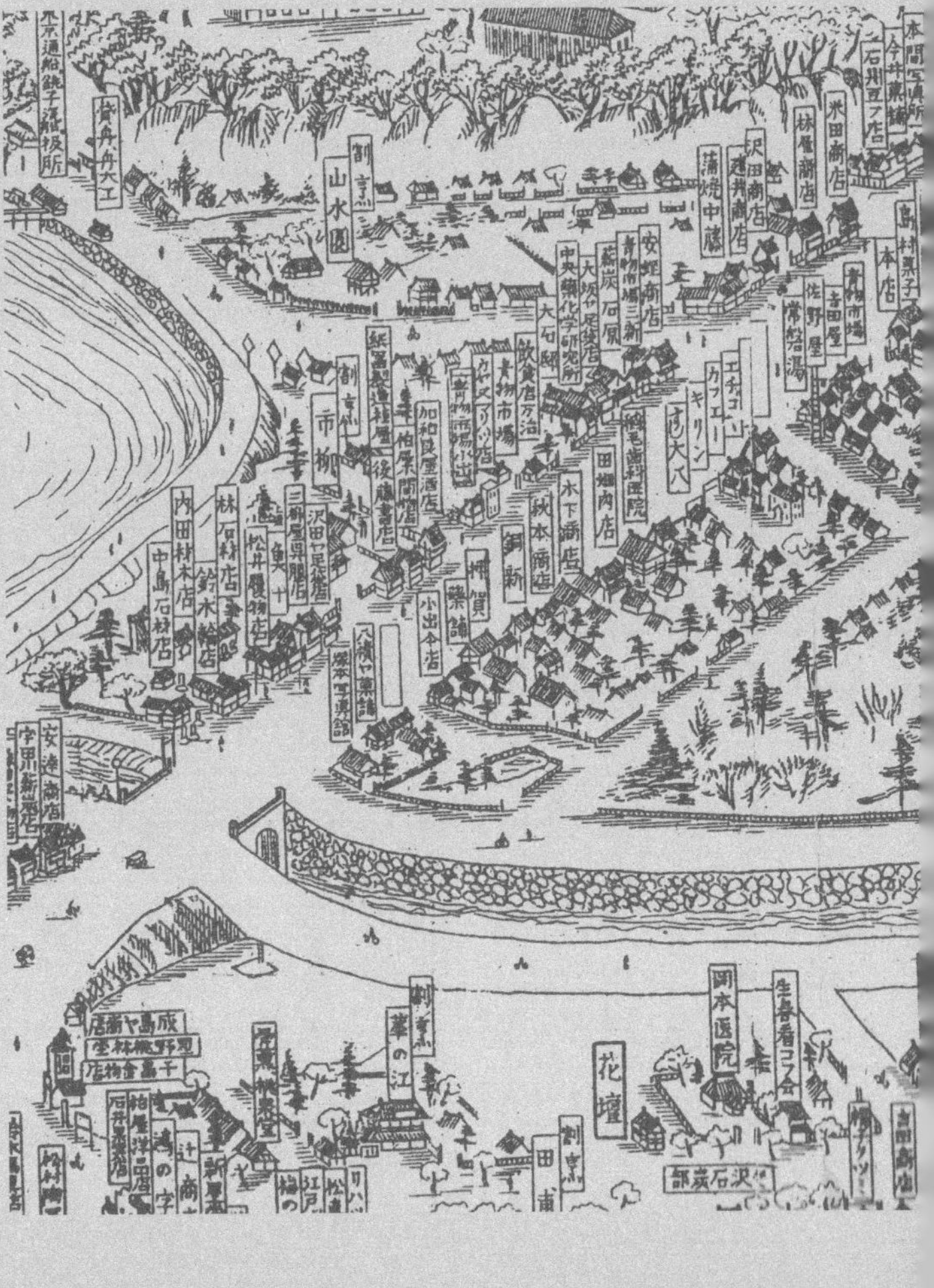

古代の国府と近代の陸軍の街

市川は狂気と天才の街かもしれない。戦前から住宅地、別荘地として開発され「東の鎌倉」と言われた地域であり、永井荷風をはじめとしてゆかりの文化人も多い。小説家の井上ひさし、日本画の東山魁夷。ゴッホ研究家の式場隆三郎もいた。

市川の中でも国府台《こうのだい》は、その名の通り下総国《しもうさのくに》の国府があった場所である。武蔵国の国府である府中から伸びる古代東海道は、一直線に東北東に進み、現在の杉並区天沼、豊島区駒込を経て、飛鳥山南部の豊島郡衙《ぐんが》に至る（天沼は「馬があまる」であり、駒込同様馬がたくさん集まっていること、すなわち「駅」を意味する）。

飛鳥山からほぼ現在の都電荒川線あたりを経由し、荒川区の石浜から隅田川を渡って、現在の市川市の真間川河口あたりに着き、そこから台地を上ると国府である。今の和洋女子大学のあたりが国衙《こくが》（国の官庁街）だったらしい。真間川から見上げると、女子大の高い建物があたかも古代の国衙の中心であるかのようにそびえている。

また国府台の東には国分寺も復元されており、古い歴史を感じる場所である。

国府台には明治時代に軍隊が置かれたが、軍隊が来る前には「国府台大学校」の建設計画があった。東京大学創設の二年前、一八七五（明治八）年に文部省で計画されたもので、東京大学が外国から学ぶための専門分化した学校であるのに対して、国府台では、まず小中学校をつくり、そ

復元された国分寺

下総国国衙跡に和洋女子大学校舎がそびえる

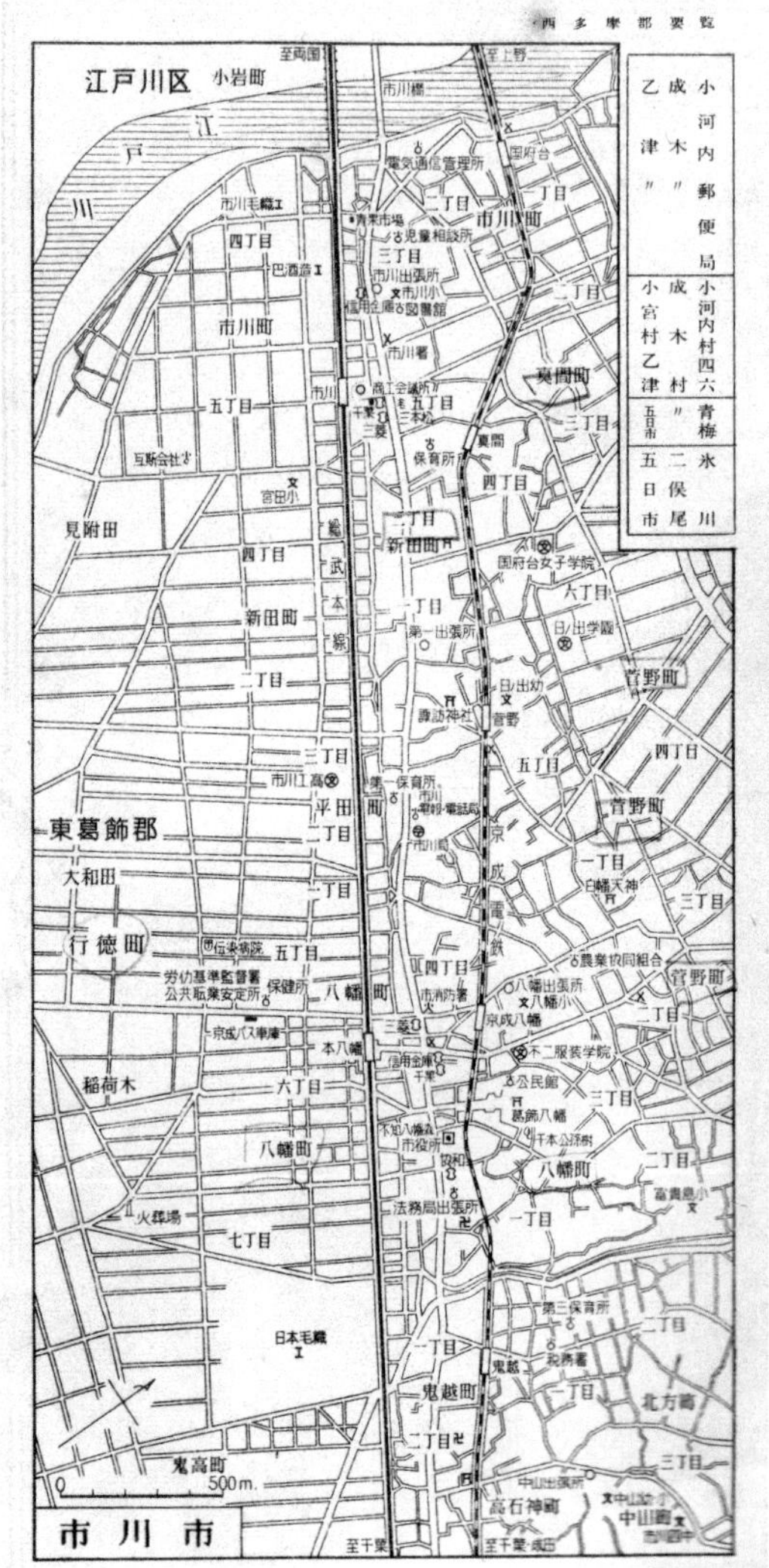

1955年の市川市。総武線の南側と北側（地図の左側と右側）ではまるで違うことが一目瞭然だ。
（出典：『東京都区分地図帖』日本地図、1955年）

の卒業生をさらに教育するための高等大学校、「真の大学校」という位置づけだったらしい。専門教育ではなく、より総合的な学校、より学究的な学校が狙いだったのかと推測されるが、詳しいことはわからない。

そうした学校をつくるには身体の健康に良く、都会の喧噪から離れた場所がよい。そこで最適地として選ばれたのが国府台だった。たしかに今も、千葉商科大学などのキャンパスと国府台公園、里見公園などがあり、高台らしいすがすがしい場所だ。

郊外の開発にはしばしば大学などの教育機関の移転、新設が大きな役割を果たすが、国府台大学校も実現していれば、文京区のお茶の水女子大学や旧・東京教育大学のあるあたりのような街並みが国府台にできていたのかもしれない。

三業地など娯楽も栄えた

しかし国府台大学校は、用地買収の途中で計画が中断され、土地は一八八四（明治一七）年に陸軍省に移管される。そこには陸軍教導団（下士官の養成機関。一八九九年廃止）ができ、その後、旅団司令部、野砲兵連隊、野戦重砲兵連隊などが駐屯することになる。

鉄道は一八八七（明治二〇）年の計画では、両国から東へ一直線のコースであり、江戸川を渡り、行徳を経て船橋、千葉へと至る計画だった。しかし行徳地域は舟運と製塩で栄えていたため鉄道に反対した。かつ、軍隊が国府台にあるから輸送の需要を考えて、現在のコースに落ち着いていったのである。

一八九四（明治二七）年、総武鉄道が市川駅－佐倉駅間に開業。一八九九（明治三二）年、平井駅、小岩駅が開業し、東京とのつながりを深めた。そのため逆に行徳は鉄道による近代化の恩恵をこうむることができなかったと言われている。

実際、行徳地区の人口が一九〇七（明治四〇）年の七三九五人から一九四四（昭和一九）年に一万一一九七人に増えただけなのに、市川地区の人口は四〇三一人から三万一四八五人に増えている。

また、京成電鉄は一九一四（大正三）年に江戸川に橋が架かり、市川真間まで開業した。翌一五年には中山まで、一六年に船橋まで、二〇年に千葉まで開業した。

こうして、陸軍の足下の国府台駅（一九一四年開業）周辺の商業が発展した。松井天山が描いた一九二八（昭和三）年の地図を見ると、料亭、旅館、割烹、ビヤホール、カフェ、洋食屋、おしるこ屋、蒲焼屋、などが軒を連ねている。京成線の鉄橋のたもとには鈴木馬具店の名前も見え、古代以来の交通の要所としての歴史も感じさせる。

三業地もあった。市川三業組合は一九二一（大正一〇）年創立。一九三四（昭和九）年頃には置屋一五軒、料理旅館三軒、料理屋一〇軒があった。真間にも中山にも三業地があったという。

市川の料理旅館の中で、「鴻月《こうげつ》」という旅館は、一九二二（大正一一）年創業であり、東京の

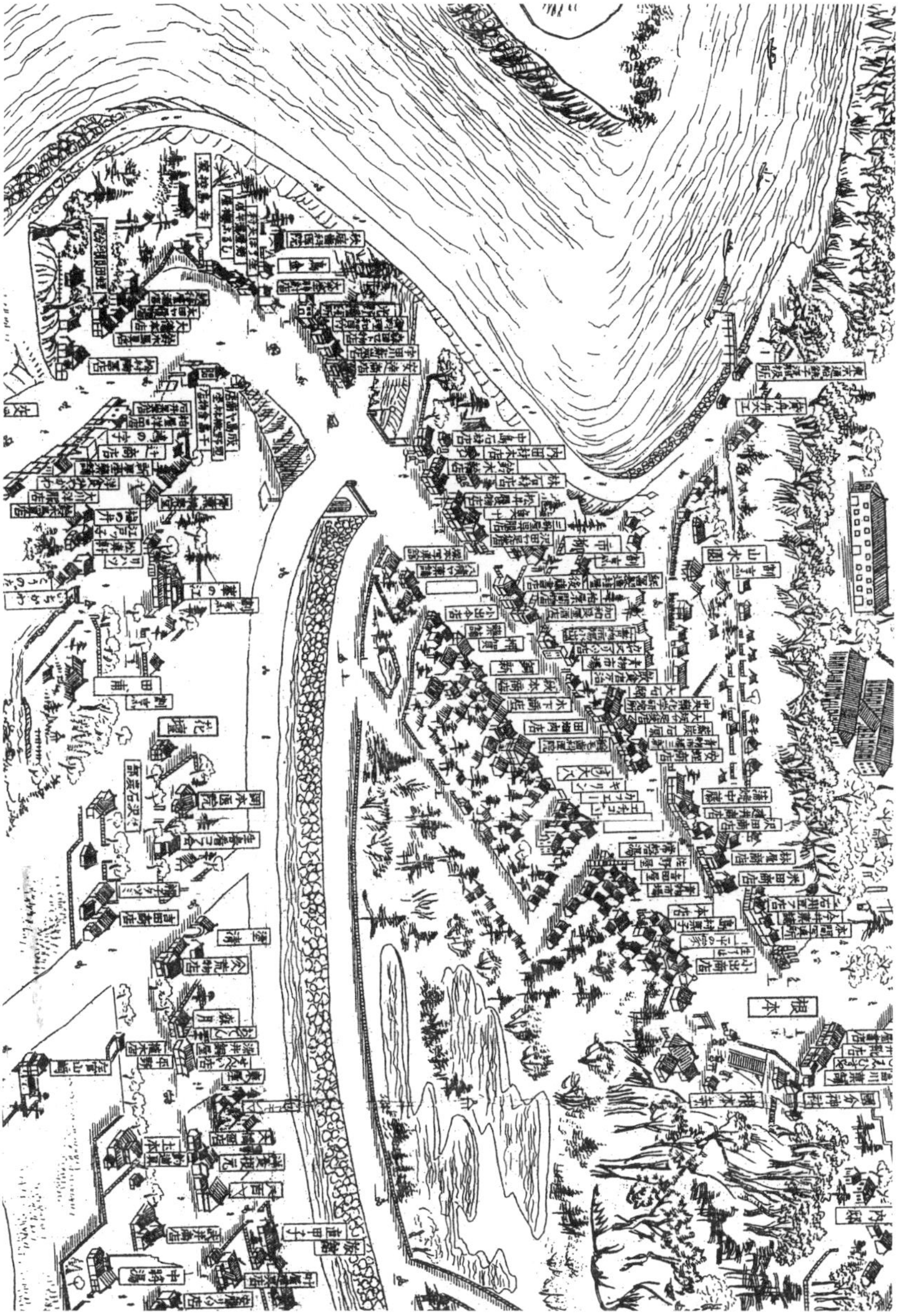

松井天山の地図に見る市川（1928年）

京成菅野駅周辺は大きな松並木のある高級住宅地として知られる。

鶯谷に江戸時代に創業した「料亭　志をばら」を移築したものだったという。鴻月からは富士山を望むこともできた。「富士の白雪」「葛西の落雁」「武蔵の晴嵐」「利根の帰帆」「市川の夕暮」などを「鴻の台八景」といった。

また里見公園には、かつて「里見八景園」という遊園地があった。演芸場、動物小屋、音楽堂、プール、大滑り台、茶店などからなる娯楽施設であった。里見八景園は一九二二～二四年ごろ開園。開園と同時に一〇〇〇本の桜を植えたので春は花見客で賑わったという。

精神科医にして芸術文化を深めた式場隆三郎

里見公園の北側には式場病院（旧・国府台病院）がある。精神科医・式場隆三郎（一八九八～一九六五）の創設した精神病院である。それがどうしたと思うかも知れないが、たしかに普通は知らない名前である。私が式場隆三郎を知ったのは、三〇年ほど前に出た『二笑亭綺譚』という本による。

二笑亭は式場の患者であった門前仲町の地主の渡辺金蔵が自ら設計した個人住宅である。彼は関東大震災後次第に精神を病んだが、一九二五（大正一四）～二六年に世界一周旅行に出かけ、帰国後、自邸を改築しはじめた。設計図もないまま口頭で大工に指示を出して十数年間にわたり

里見公園から江戸川の向こうに東京を望む

現在の里見公園の西洋式庭園

家を造り続けた。迷路のような間取り、使えない部屋、昇れない梯子などがある奇妙な家であった。渡辺の奇行に耐え切れなくなった家族は別居。その後渡辺は精神病院に入院させられた。式場はこの家を精神病理学上珍しい資料であり、美学、建築学の観点からも幾多の問題を含むとして『二笑亭綺譚』をまとめたのであった（一九三九年初版、一九八八年筑摩書房から復刻され、その後ちくま文庫）。

式場は二笑亭を病院の庭に移築するという計画も持っていたが、家は壊されてしまい、式場は「この世の常識の波に沈められてしまった」と非常に残念がったという。

こうしたことからもわかるように、式場は狂気的な芸術への関心が強かった。特にゴッホを熱愛し、ゴッホについての著作を五〇冊も著した。ゴッホ関係書簡集や伝奇小説の翻訳も行うとともに、ゴッホの足跡と作品を訪ねて欧米を旅した。

また山下清を見出して世に送り出したのも式場だった。

民芸運動とバラ園

また式場は昭和一〇年代から柳宗悦の民芸運動にも参加し、バーナード・リーチらとも親交があった。柳の調査研究旅行にたびたび同行もし、展覧会の開催、雑誌の刊行も手伝った。そして一九三九（昭和一四）年には式場病院敷地内に柳の基本設計、濱田庄司の実施設計、河井寛次郎も設計に参加したという式場邸が完成した。

式場邸は親交のあった歌人・会津八一から「榴散楼《りゅうさんろう》」と名付けられた。会津は新潟市の出身であり、式場も新潟県中蒲原郡五泉町（現・五泉市）の出身で、新潟医学専門学校（現・新潟大学医学部）卒業なので、同郷というよしみもあったのであろう。専門学校では後に鳥取民芸運動を始めた吉田璋也と同級生であり、文芸同人仲間だった。

内部は民芸の寿岳文章によって「民芸理論を最も高度に実現させた建物」、吉田璋也からは「民芸見本帖面」と評価されたものであり『民芸運動と建築』（藤田治彦他著）という本にも紹介されている。同書で川島智生は式場邸の応接間と書斎こそが戦前における民芸建築の到達点を示すとすら書いている。

式場病院の前身、国府台病院は、式場が一九三六（昭和一一）年に開設したものである。ゴッホ研究が注目されて忙しくなり、勤務医が難しくなったため、自分の病院を持ったのである。庭の池は河井の設計。敷地内の建物配置図を芹沢銈介《けいすけ》が一九四二年に描いているが、これによると病院の各棟はすべて木造の切妻屋根であった。式場は二笑亭について「私の夢はあの建物をゆずりうけて自分の病院の庭に建てること」だと言っており、他にも二笑亭のような建物を並べて野外ミュージアムのようにしたかったらしい。これは式場と柳と濱田が一緒に訪ねたスウェーデンのスカンセン民族博物館の影響らしい（一九二頁参照）。

病院内にはバラ園を設けた。スイスのレマン湖畔の精神病院の庭園に感銘を受けたことが理由

式場邸応接間（出典:『民芸運動と建築』淡交社、2010年、撮影:川島智生）

だった。精神病院らしい暗さをなくすためであった。

バラ園は広く知られるようになり、市川市内のバラ愛好家により「市川バラ会」が結成された。市川駅北口ロータリーには約三〇〇株のバラが植えられ、市内各地でもバラの植樹が盛んになるほどだった。

蛇足だが現在の国府台病院の前理事は式場の息子で、元レーシングドライバーの式場壮吉。歴史に残る第二回日本グランプリでの式場のポルシェと生沢徹のスカイラインとの死闘を繰り広げた人物だ。妻は歌手の欧陽菲菲だという。

式場邸

木内重四郎邸の広大な敷地

国府台から下っていくと、斜面の深い木立の中に、旧・木内重四郎邸洋館（木内ギャラリー）がある。

木内重四郎（一八六六～一九二五）は千葉県の現在の芝山町の出身。木内家は、鎌倉時代は千葉氏の重臣として活躍した名家である。重四郎は千葉高校首席、東大政治学科も首席卒業の秀才で、政治家を志した。内務書記官、農務省局長、朝鮮総督府局長、貴族院議員、京都府知事等を歴任。妻は岩崎弥太郎の次女。重四郎の次女は渋沢敬三に嫁いだ。

一九一四（大正三）年、貴族院議員時代に当地に別邸を竣工。一九一六年に京都府知事になるが京都女子大学の疑獄事件に巻き込まれ辞職。別邸で余生を暮らした。

木内ギャラリー

別邸はもともとは一万坪に及ぶ広大な敷地に洋館、日本館などが配置され、敷地内にある池から舟で真間川を抜けて、江戸川に至ることができたらしい。

設計は、日本館が三菱出身で住宅作家となった保岡勝也。洋館が大蔵省建築部の鹿島貞房。保岡は、三菱合資会社唐津支店、清澄庭園の涼亭なども設計している。鹿島は武田五一主任設計による旧・山口県庁舎および県会議事堂の設計分担者でもあった。

戦後は鹿島建設の寮として使われ、美術館として保存するという案もあった。しかし平成に入り、マンションなどの住宅地開発により邸宅は取り壊され、日本館は完全に消滅、洋館が三菱により再建され、木内ギャラリーとなった。

散歩を終えて、真間川を渡ると、商店街に何だか気になる寿司屋を見つけた。創業明治

市川の三本松（出典：市川市史写真図録『この街に生きる、暮らす』市川市、2014年）

七年と看板に書いてある。これは入らねばならぬと入店。当たりだった。海神にしても真間にしても、いい寿司屋がある。

同店のホームページによると、初代は、西山源次郎で、辺り一面の松林の中に茶店をつくった。それで屋号を「林屋」とつけた。場所は千葉街道（今の国道一四号）沿いで、家のすぐ隣が三本松で有名な場所。その下を成田詣でに行く人たちが江戸（今の東京）から江戸川を船でわたって千葉県に入りぞろぞろと通ってきて、一服するところがほしかった。茶店をつくれば何とか生活できるのではないかと初代が考えたのが始まりで、江戸川でとれたうなぎ、鯉、どじょうを売っていたという。

店内には三本松の写真がある。まるで竜のように道に覆い被さるように立っており、明治天皇が巡行のときに見事な松だと褒めたので切られなかったという。が、その後、自動車交通の邪魔になるため切られてしまった。天皇よりも自動車が強いようだ。

（参考文献）
田中由紀子『幻の大学校から軍都への記憶―国府台の地域誌』萌文社、二〇一七年
市川市文学ミュージアム『炎の人 式場隆三郎』二〇一五年
藤谷陽悦監修・日本大学生産工学部『木内重四郎邸にみる近代のたてもの報告書』二〇〇七年
藤田治彦、川島智生、石川祐一、濱田琢司、猪谷聡『民芸運動と建築』淡交社、二〇一〇年
野村典彦『鉄道と旅する身体の近代』青弓社、二〇一一年
『郷土読本 市川の歴史を尋ねて』市川市教育委員会、一九八八年
綿貫喜郎『市川物語』飯塚書房、一九八一年

稲毛・谷津

ラストエンペラー、デンキブラン、沢村栄治ゆかりの地

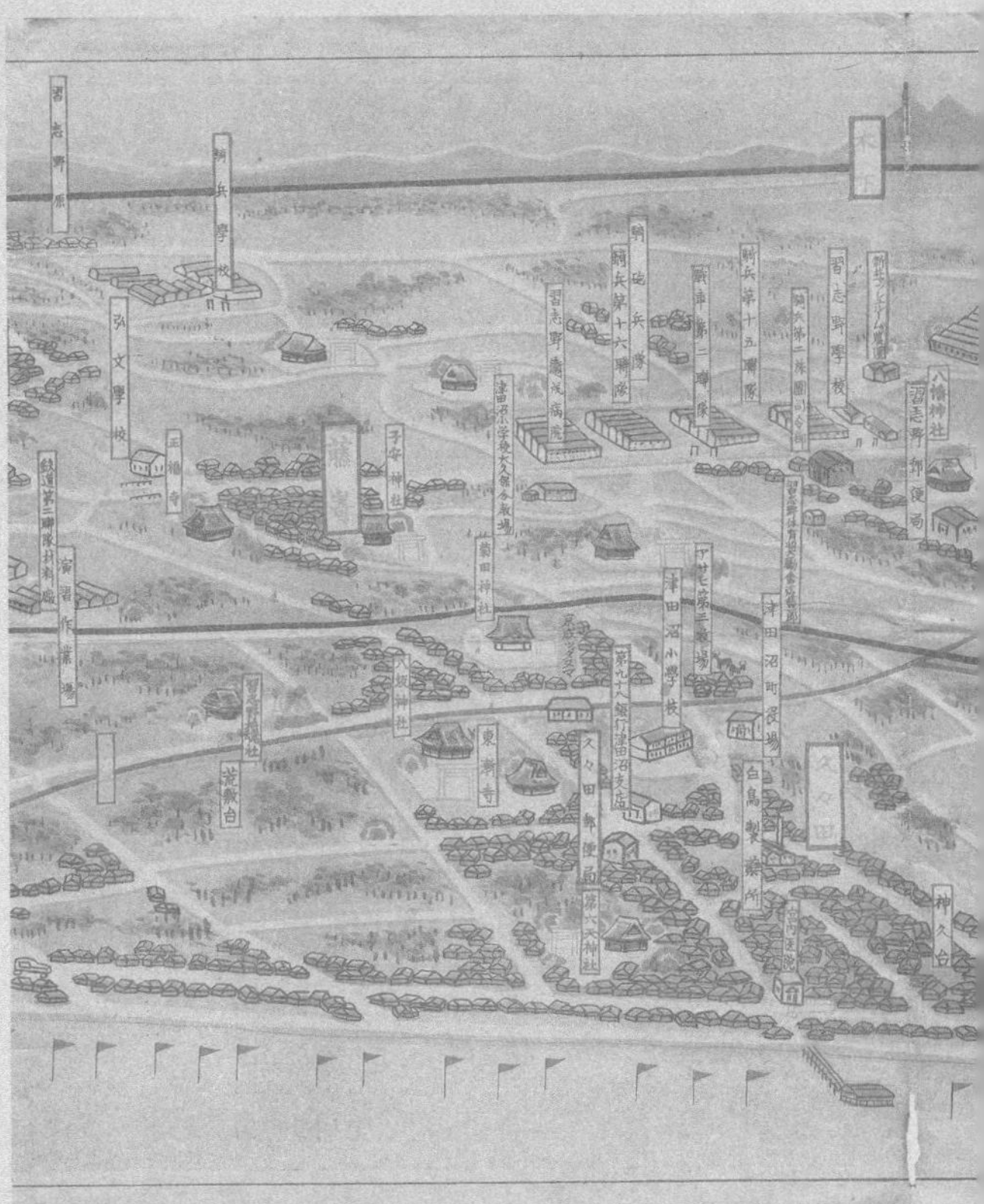

杉並から稲毛まで

「ラストエンペラー」という映画があった。坂本龍一が音楽を担当しアカデミー賞を受賞した作品だ。

ラストエンペラーとは中国の清朝最後の皇帝・愛新覚羅溥儀《あいしんかくらふぎ》のことである。その弟は溥傑といい、結婚して稲毛に住んだ。

溥儀は日本の陸軍兵学校に在籍していた。あるとき彼はある女性を見初め、是非とも結婚したいと思った。日本政府としては日中関係のためにもそれがよいと考え、一九三七(昭和一二)年、二人は結ばれた。

女性は嵯峨公爵の長女・浩《ひろ》だった。国策結婚とも言える結婚だったので浩は大変に迷った。しかし陸軍がどうしてもと迫ったのと、溥傑自身はとても純粋な気持ちだったので、浩はプロポーズを受けたのである。

浩の家は杉並にあった。現在杉並区立郷土博物館が建っている場所である。婚礼の儀に向かうときはそこから馬車に乗り、青梅街道から九段の軍人会館(今の九段会館)に向かった。

二人が新婚時代のわずか半年を過ごしたのが千葉市の稲毛だった。浅間神社の脇の丘の上の木造住宅である。今も家が残っており「千葉市ゆかりの家・いなげ」として公開されている。

ラストエンペラー実弟の新婚の家にしては慎ましいなと私はその家を見て思ったが、室内には

千葉市ゆかりの家・いなげ

仲の良い二人の写真が飾られていてほほえましい。

だが戦争が烈しさを増していた。幸せな新婚時代もつかの間、二人は中国へ行き、そこから波瀾万丈の生涯が待っていたが、それについては本稿のテーマではないので書かない。

二人が過ごした家からは、下るとすぐ遠浅の海が広がっていた。一八八八（明治二一）年には千葉県初の海水浴場が開かれ、医師の濱野昇により「稲毛海気療養所」が設立されていた。ゆかりの家から浅間神社境内を挟んで東側である。

当時は海水浴が各種の病気の治療に役立つと考えられていて、療養所には、海水温浴場、冷浴場、遊技場、運動場などが備わっていた。

一八九一（明治二四）年発行の『千葉繁昌記』によれば、海に面して高台があり、緑の

稲毛名勝「海気館」（千葉市立郷土博物館）

美しい松の木が立ち並び、砂浜は白く美しく、海の向こうには右に富士山、左に房総の山地が見え、海には帆舟がつねに往来し、その美しさは何とも言い難いもので、誰でも一度ここを訪れたなら、間違いなく賞賛するほどだったという。いわゆる「白砂青松《はくしゃせいしょう》」の景勝地だったのだ。だが今は道路と団地ばかりで賞賛すべき風景はない。

神谷バー創始者の別荘

一九二一（大正一〇）年になると浅間神社の北側に京成電鉄が開通し、海水浴や潮干狩りの客が増え、海岸には多くの旅館や商店が並ぶようになった。療養所も所有者が代わり、旅館「海気館」となった。海気館には、島崎藤村、徳田秋声、森鷗外らの文人も滞在し執筆をした。

海気館からさらに東側に行くと、洋館がある。神谷伝兵衛邸である。デンキブランで有名な浅草の神谷バーの創始者である。この伝兵衛が一九一八（大正七）年、病気療養のためにつくった別荘がこの洋館だ。当時としては珍しい鉄筋コンクリート造りだった。

伝兵衛は一八五六（安政三）年愛知県の名主の家の生まれ。なんとわずか八歳で酒造家になることを志した。伝兵衛の姉が嫁いだ先が知多郡の植村という土地で、この地方は古来酒造家が多く（だからサントリーの知多があるのだな）、酒造家はみな裕福で、豪壮な邸宅に住んでいた。

旧神谷伝兵衛稲毛別荘（提供：千葉市文化振興課）

それを見た伝兵衛は、自分も酒造家になりたいと思ったのだ。

早速姉の嫁ぎ先で商売の見習い、一〇歳で綿の仲買商として働き、一二歳で雑貨商となった。その後古物商などもしたが、一六歳で投機に失敗したうえに詐欺に遭って金を損失した。失意のところ、兄に東京か横浜に出て働いてはどうかと勧められ、かねてからの希望であった酒造の勉強のために一七歳で横浜に出ることになった。

横浜では兄の知人の家に居着いた。古道具屋でキセルを安く買い、キセル商に持って行って二〇倍の値段で売った。古物商としての経験である。それを聞いた兄の知人は横浜でも古物商になってはどうかと勧めたが、伝兵衛はまず運送店で働き、その後フランスの醸造所で働いた。

あるとき、急な腹痛になったが、ワインを飲むと治った。それが伝兵衛とワインの運命的な出会いだった。伝兵衛は、一八八一（明治一四）年には輸入ワインを改良して独自のワインを製造、蜂印香鼠葡萄酒として売り出した。ハチハニーワインである。私の世代（六〇代）以上なら、子ども時代、一家に一本は置いてあったワインだ。今もある牛久ワイナリーは伝兵衛がつくったものである。

一八九二（明治二五）年には浅草に七九一坪の土地を購入。自宅と営業所とした。一九一二（明治四五）年には神谷バー開業。同年向島に洋館の別荘を建てた。一九一七年に病気となり、建てたのが稲毛の別荘だった。

千葉トヨペット本社は武田五一の設計

千葉トヨペット本社の由来

神谷邸から国道一四号線を西に行くと、大きな和風建築がある。和風なのにトヨペットの千葉本社である。いったいなぜ。

もともとは日本勧業銀行本店であり、一八九九（明治三二）年竣工で、日比谷公園に面して建っていた。一九一〇年には上野で開催された勧業博覧会のための本館、迎賓館としても使用された。隣には鹿鳴館、内務大臣官舎、華族銀行があり、そのまた隣には帝国ホテル（フランク・ロイド・ライトの前の渡辺謙設計のもの）が並んでいた。他はすべて洋風建築なのに勧業銀行だけが和風だった。

当時は、辰野金吾設計の日本銀行本店（一八九六年）、曾禰《そね》達蔵《たつぞう》設計の丸の内三菱二号館（一八九五年）など、官庁街の新建築はネオバロック様式が主流だった。

ところが日本勧業銀行の初代総裁河島醇は日本銀行とはちがう、できるだけ日本風な建築にしたい、千鳥破風の和風木造がよいと考え、明治建築界の元老・妻木頼黄《つまきよりなか》に依頼した。しかし妻木は多忙であり、どうしたものかと思案していると武田五一の東大卒業設計が目にとまり、彼に設計をさせたのである。武田はその後東大助手、京大教授となり、京大本部本館、京都市役所などを設計した大家だ。

それが一九二六(大正一五)年、勧業銀行本店改築のため、京成電鉄に売却され、旧本店は習志野市の谷津遊園に移築され「楽天府」と名付けられ、人気俳優・阪東妻三郎のプロダクションの施設として映画撮影にも使用された。

さらに一九四〇(昭和一五)年には、現在千葉県企業庁のある中央区長洲一丁目に移築されて、千葉市役所庁舎として一九六一(昭和三六)年まで使用され、県民に愛された。

市役所としては不要となったが、保存を望む声が多く、千葉トヨペットに無償で譲渡され、三度美浜区の現在地に移築され、一九九七(平成九)年に有形文化財に指定されている。

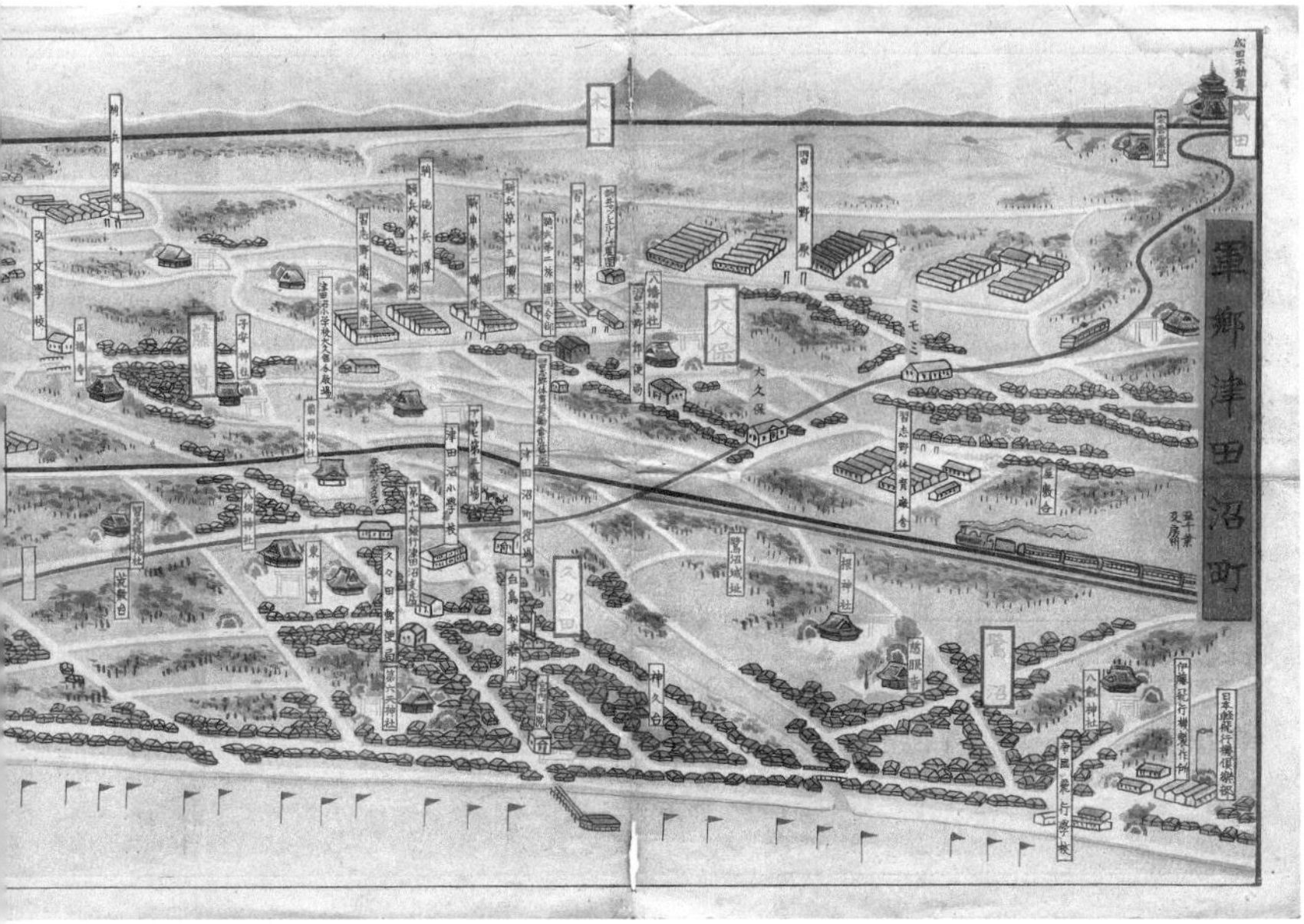

読売ジャイアンツ誕生

さて、楽天府を擁した谷津遊園は一九二七（昭和二）年に開業した。一九二六年に京成電鉄が現在の習志野市の海沿いの土地八五万㎡を買収して建設したものである。

その土地は一九一七（大正六）年の台風で塩田や養魚場が壊滅したものだった。そのうち三〇万㎡を利用して谷津遊園がつくられ、残りは住宅地として分譲された。

京成電鉄は一九三〇年代、積極的に住宅地分譲を行っていた。谷津遊園に隣接する土地も、「海浜別荘及び住宅」として売り出され「予想以上の好成績」で発売数日で完売した。その他、稲毛、市川、

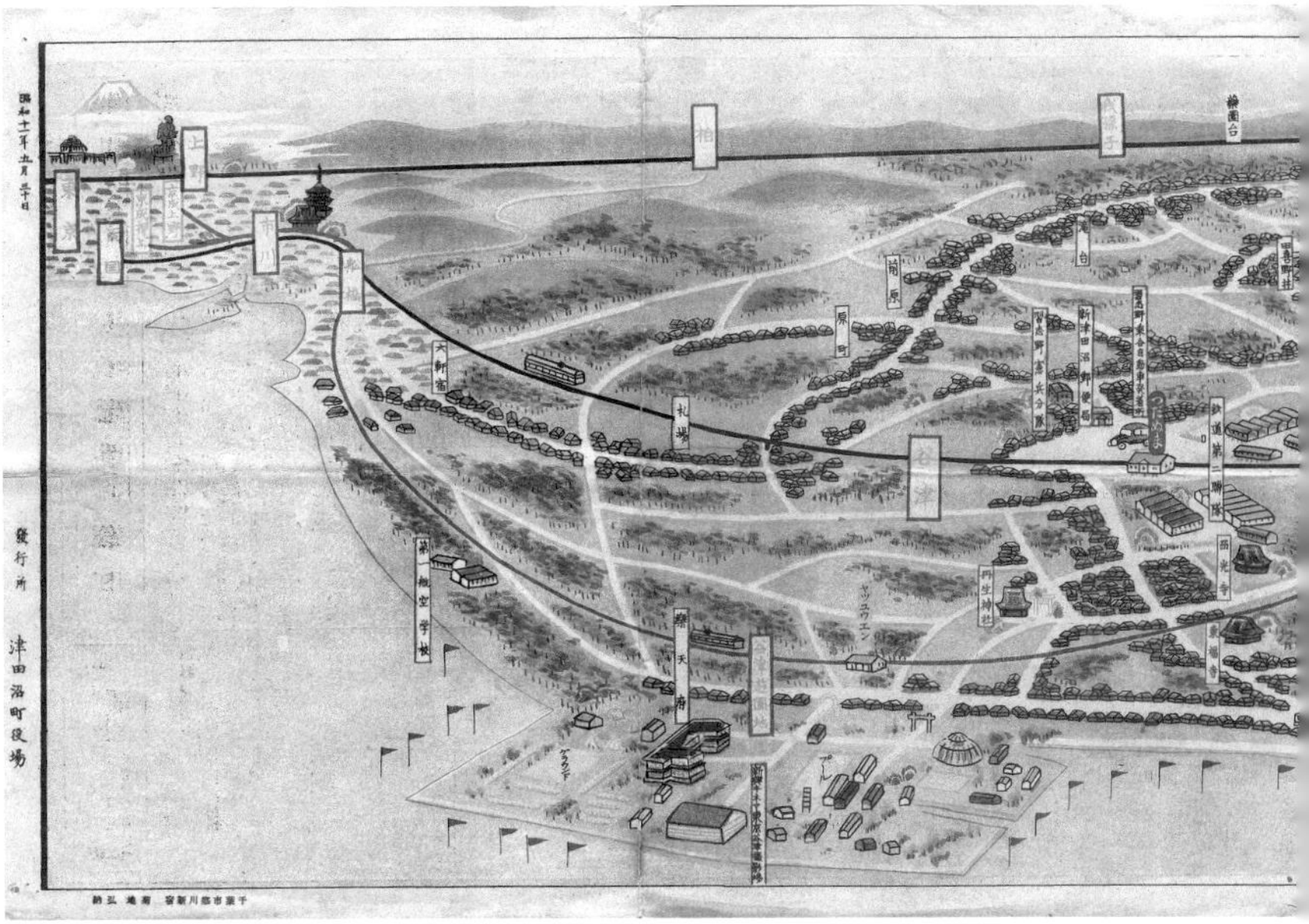

谷津遊園とその周辺。下の方に「楽天府」（今の千葉トヨペット本社）が見える
（出典：『津田沼町勢要覧』1936年）

船橋海神台、千葉海岸などの土地が分譲されていた。

また客や住民の便宜を図るべく京成花輪駅（現在の船橋競馬場駅）から線路を延ばして谷津遊園駅を新設した。

園は「庶民の庭」をコンセプトとしており、園内には当時日本最大の海水プールや、海に臨む瀟洒な宝龍閣、安芸の宮島に似せた五〇ｍほどの回廊、大噴水、子どものための遊戯場、銀座から出店した喫茶店プリンス、その他各種の料理店、貸間、貸席、貸しボート、ラジウム浴場などがあった。

さらに野球の巨人の最初の球場も谷津遊園だった。一九三四（昭和九）年に園内にグラウンド（谷津球場）が建設されたのだ。京成電鉄専務後藤國彦は、読売の正力松太郎が日本初のプロ野球チームとして読売巨人軍をつくることを応援していたが、ついでに球場をつくって提供したのだった。

一九三四年一一月には全米オールスターチームが来日し谷津球場で巨人と試合をした（大宮の章を参照）。全米チームにはかのベーブ・ルースやルー・ゲーリックがいた。巨人のエースは伝説の名投手・沢村栄治だった。こうしたことから谷津遊園は日本プロ野球発祥の地と言われているのである。

沢村はその後戦争に行き、手榴弾の投げすぎで肩を壊す。溥傑夫妻同様、戦争が運命を人生を変えたのである。

（参考文献）

鈴木光夫『神谷伝兵衛』筑波書林、一九八六年
谷藤史彦『武田五一的な装飾の極意』水声社、二〇一七年
『愛新覚羅浩展』杉並区立郷土博物館、二〇一八年
『習志野市史　第1巻　通史編』習志野市、一九九五年

鶴見花月園

武士と芸者がつくった東洋一の娯楽の殿堂

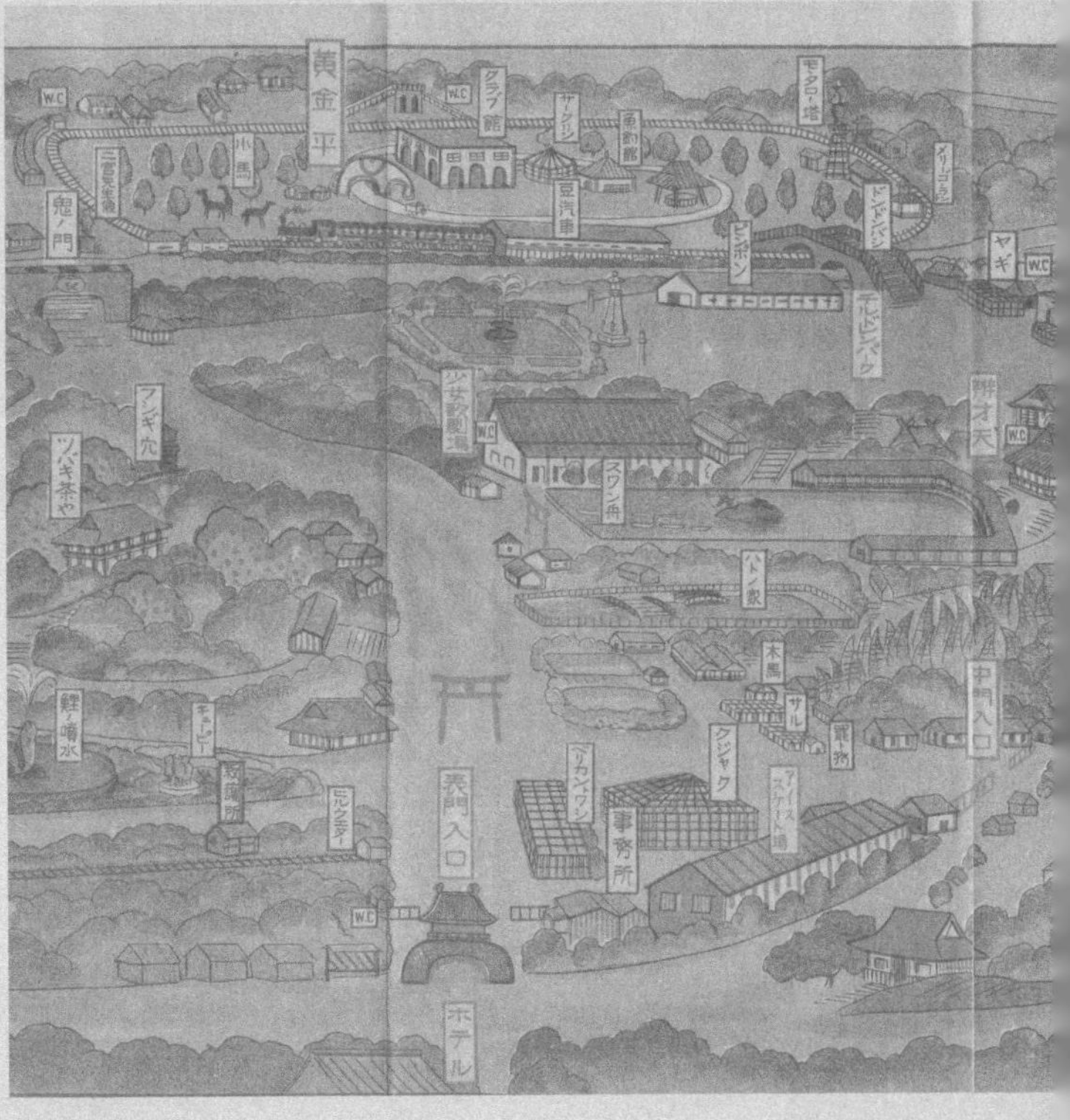

子どものための施設を日本にも

鶴見花月園には銀座の香りがした。きっとそうだ。

京浜急行の花月園駅は、競輪場があった。競輪場になる前は、その名の通り「鶴見花月園」という遊園地だった。つくったのは新橋の料亭花月楼の主人、平岡廣高（一八六〇〜一九三四）。妻で元新橋の美人芸者だった静子と、できたばかりの東京駅でレストランを開業するための準備で、一九一一（明治四四）年に欧州を旅行。その途中、パリ郊外の児童遊園地を見て、すべてが児童本位にできていることに驚き、日本にも児童のための遊園地が必要だと痛感した。どうせ仕事をするなら、客にぺこぺこするレストランより遊園地のほうがよさそうだとも思った。

帰国後鶴見東福寺の境内三万坪を借り、一九一四（大正三）年に花月園を開園した。当初は、ブランコ、シーソー、木馬、動物園、噴水、花壇、菖蒲園、相撲場、大滝、野外劇場だけだったが、第一次世界大戦の景気に乗って繁盛した。

そこで追加投資として、豆汽車、電気自動車、登山電車。お化け屋敷、釣り堀、子どもプール、アイススケート場、観覧車、飛行機塔などを整備。子どもたちはスリル満点の遊具に狂喜したという。

シマウマ、ラクダ、ヒョウ、シロクマ、ゾウ、カメレオン、孔雀などのいる動物園もつくった。ピラミッドやスフィンクス、キリンの模型が置かれたアフリカゾーンもあった。また一九一六（大正五）年からは静子が中心となって「日本全国児童絵画展」を開催したという。

大人も楽しめる娯楽・文化の総合拠点

子ども向けだけではない。大人向けに茶屋も数軒あった。というより、実は大人のための施設をつくることが狙いで、子どものためにもちゃんとつくろうというくらいが本音だったという説もある。

とにかく、貸席、貸別荘などが敷地内に離れ座敷のように配置され、野外劇場、ダンスホール、ホテルもつくられた。

一九一四（大正三）年には、後述する平岡権八郎の交友関係から、小山内薫演出、市川猿之介主演の野外劇が上演され、一九一五年にはドイツ留学から帰国したばかりの作曲家・山田耕筰が野外演奏会を開いた。一九一八年には近代舞踊の父と言われる石井漠が野外舞踏会を開き、鈴木三重吉、恩地孝四郎らが少女歌劇にかかわったという。

またテニスコートもあり、テニストーナメントが開かれ、アイスホッケーの試合もあり、また歌会、句会、はたまた企業の運動会や総会も開かれた。戦後で言えば船橋ヘルスセンターのような相当総合的な娯楽・文化施設だったらしいのだ。

大山滑り　いまのウォータースライダー
(出典：齋藤美枝『鶴見花月園秘話』鶴見区文化協会、2007年)

客としては、与謝野晶子、森鷗外、谷崎潤一郎などの文人から、若槻礼次郎首相、外国の公使や大使、横浜に来た海外の海軍将校らも訪れたというから一流料亭ならではの客筋である。

武士出身の料亭一族から銀ブラが生まれた

ところで平岡廣高は本来唐津の武士であった多賀家の次男だが、母方の平岡家に男子がいなかったために、養子に入った。

廣高の父、多賀右金治の父は江戸家老だったが、右金治は明治に入り料理屋を開き、長崎丸山の有名料理店「花月」にあやかり、店名を「花月楼」とした。

また廣高の母親ヒロも家老の家の出で、大変な美人だったが、酒もたしなみ、紅茶にブランデーを入れて飲むようなハイカラな女性だったという。

彼女は花月楼のほかに料亭湖月楼も経営したが、四九歳で死没。母の死で、それまで海軍士官学校を目指していた廣高が花月楼の経営に入る。京都の「都をどり」に対抗して有名な「東をどり」を創設したのが廣高だというから花柳界でも重要人物である。

廣高の弟半蔵も料亭を経営。その息子の平岡権八郎は廣高の養子となり、跡を継いで花月楼の三代目経営者となった。権八郎は著名な洋画家で、一九〇四（明治三七）年には渡欧し、西洋文

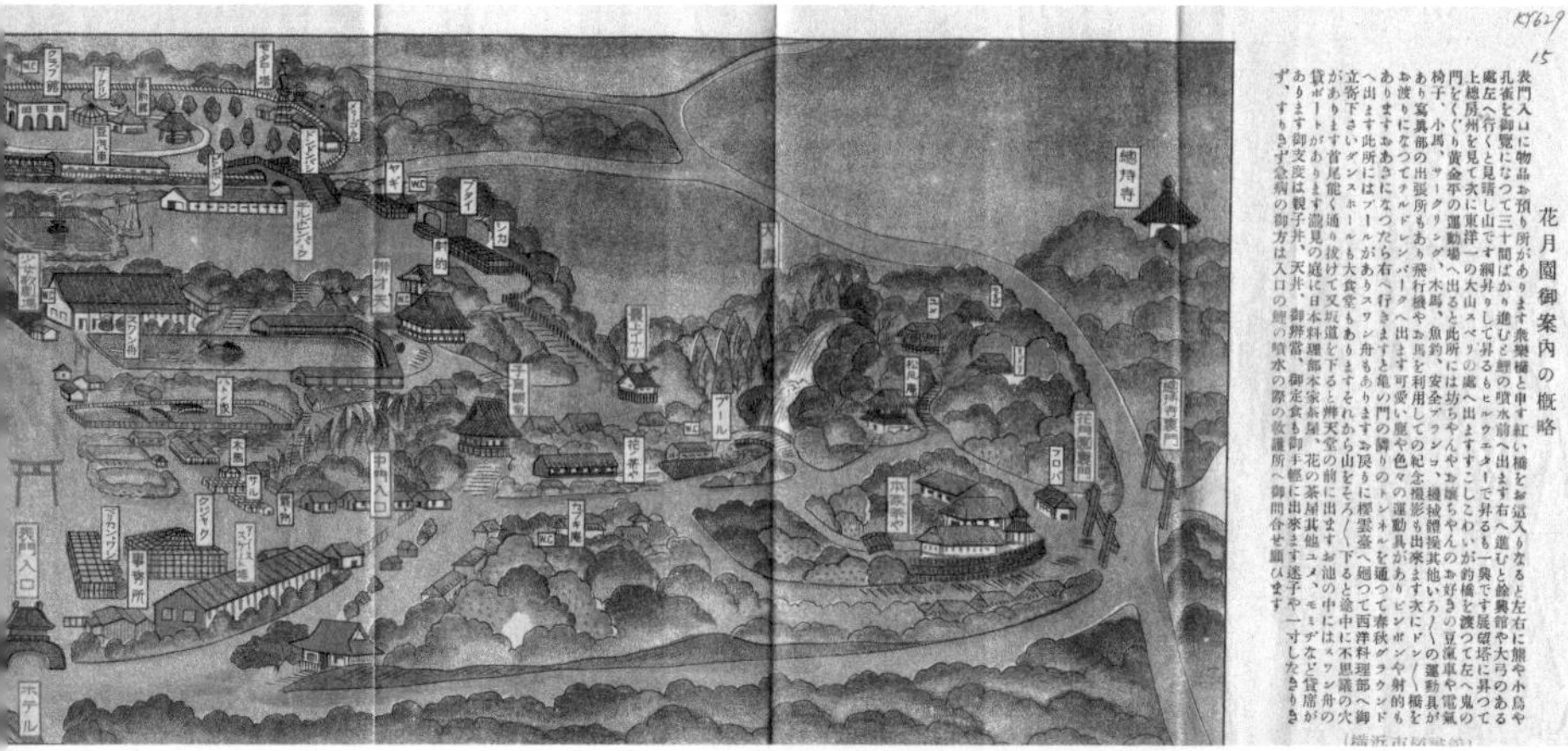

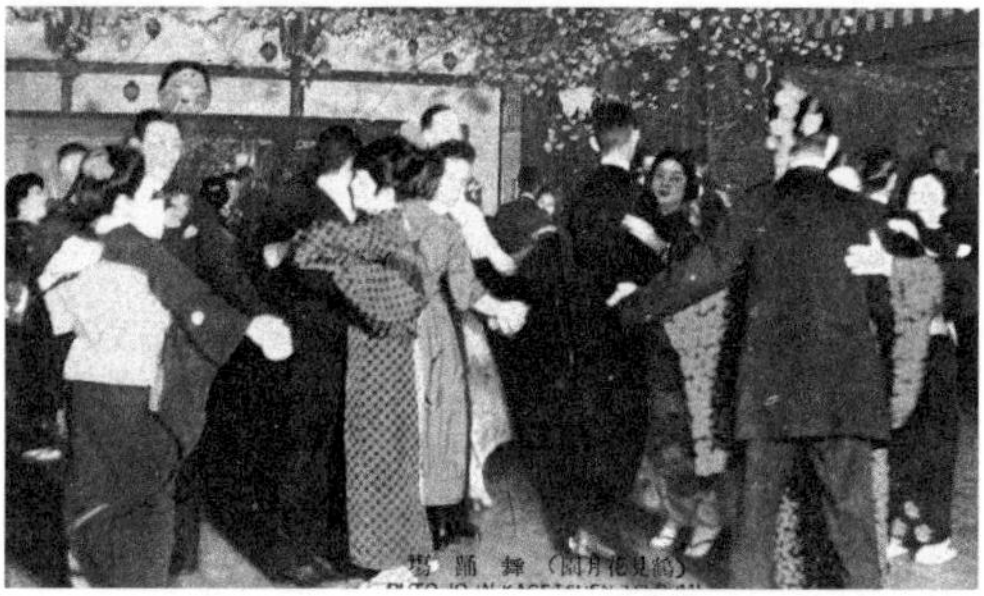
ダンスホール（出典：同前）

化の洗礼も受けている。洋画の師匠は黒田清輝であり、黒田の主宰する白馬会にも岸田劉生らとともに所属していた。

もしやと思って岸田の日記を読むと、一九二二（大正一一）年五月一日に、花月園で友人と集まって食事をする楽友会があるから、横浜から京浜電車で家族と向かったと書いてあった。だが、当時はＪＲ（国鉄）と駅がつながっていなかったのだろう、京浜電車の横浜駅が遠くていやになるとか、花月園で降りたあとも反対の道を歩いてしまった、やっと着いたら先に着いた仲間はもう遊んでいたから腹が立ったとか、子どもと土俵で相撲を取ったとか、くずもちが大変うまかったとか書いてある（『摘録　劉生日記』岩波文庫）。

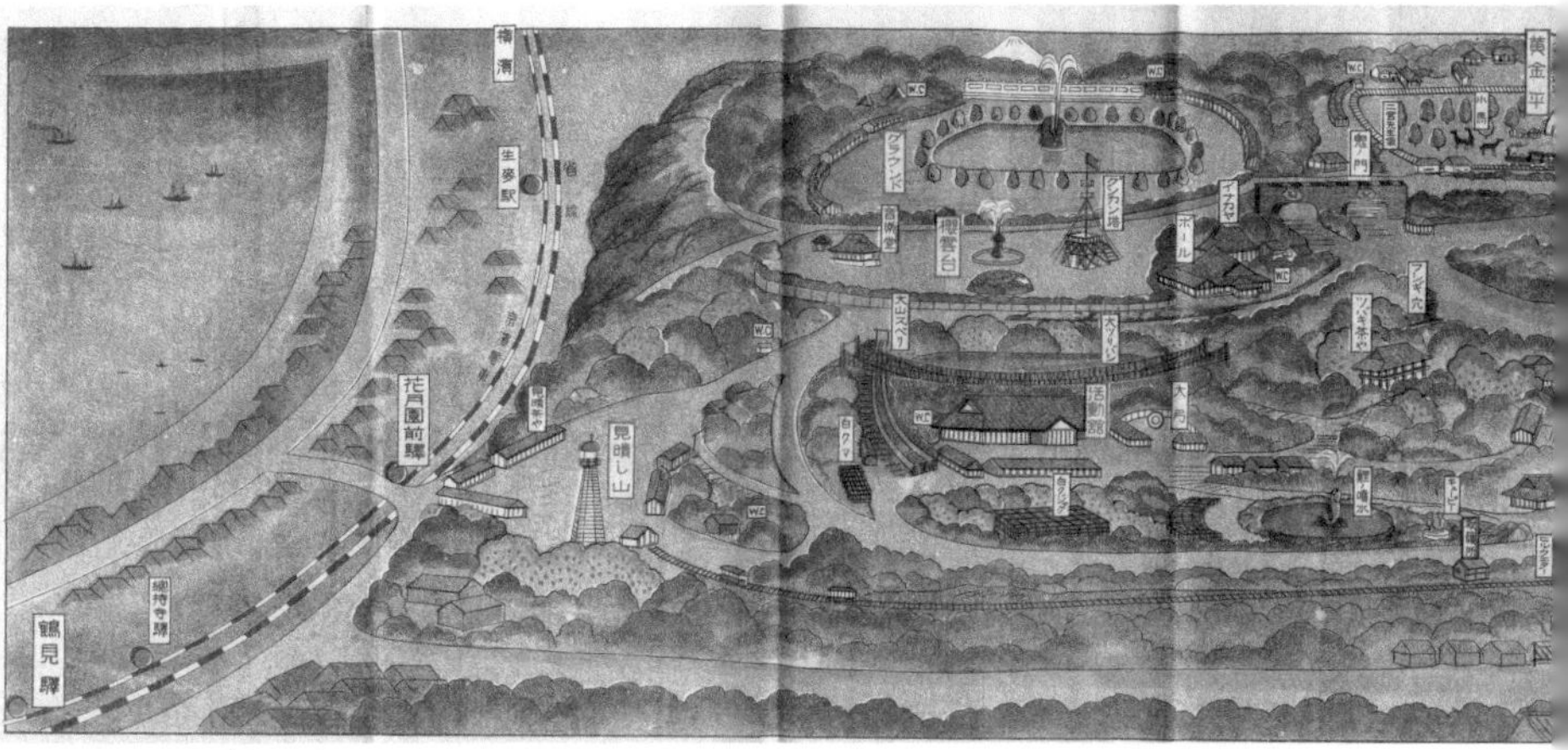

花月園全体図（出典：同前）

権八郎は、新橋芸妓らが一九二二（大正一一）年に設立した新橋演舞場の取締役にも就いており、二代目市川猿之助は親友。帝国劇場の舞台装置も手がけた。永井荷風とは清元仲間であり、荷風の随筆に権八郎はいくどか登場するという。

さらに権八郎は銀座に松山省三とカフェー・プランタンを開業した。松山は広島藩士であり広島市長も務めた渡辺又三郎の三男で、東京美術学校（東京藝術大学）で西洋画を学び、いったん広島に帰り結婚したが、一九〇九（明治四二）年に上京し、画業に励むかたわら、小山内薫らと行動を共にしていたという人物である。息子は歌舞伎役者の河原崎国太郎。

松山は憧れのパリに留学したかったが叶わず、黒田清輝らからパリのカフェに集まる芸術家の話を聞くにつけ、パリのカフェのように気軽に人と語り合う場所をつくりたいと考えて一九一一（明治四四）年につくったのが「カフェ・プランタン」だった。

鶴見花月園舞踏場（出典：同前）

平岡と共同出資、小山内薫が顧問、命名も小山内だった。

ビリヤード場だった建物を借り、東京美術学校教授の古宇田実、新進建築家岡田信一郎らの指導で、岸田劉生らの若手画家が手伝って改装をしたというから、現代のリノベーションの現場のような雰囲気である。

一方、こうして権八郎は松山らの仲間とたちいつも銀座をぶらぶらしていたので、「ブラ権」「ブラ省」と言われ、いつしかそこから「銀ブラ」という言葉が生まれたという。

華やかな花月園の終わり

廣高は、最初の妻の蝶と番頭に料亭経営はまかせ、妾の元日本橋芸者のおとわと向島・寺島に経営していた「花月花壇」（花月楼の支店）に住んだ（他にもう一人妾がいた）。
ところが花月花壇は洪水で破壊され、莫大な借金をかかえることになった。愛想を尽かした蝶は番頭と家を出てしまった。そして別の料亭「山月」を開業し、花月、湖月と並ぶ有名料亭に発展させた。

廣高は、蝶と同様横浜の料亭富貴楼の女将・お倉が育て新橋に送り込んだ芸者である静子と再婚した。それから前妻の蝶の「山月」の開業資金も工面しつつ必死に働き借金を返し、権八郎が経営をしてくれるようになると、四〇代で目黒に別邸を建てて隠居に入ったのだった。

だが死ぬ前にもう一花と思ったか、考えたのが冒頭に書いた東京駅でのレストランだったのだ。

廣高の妻、静子も冒頭に書いたように新橋の美人芸者である。

ヒロの死後、右金治が再婚したのが湖月楼の座敷に出ていたフミ。このフミの妹分が静子だった。

静子は若い頃からフミと共に伊藤博文らの政治家と政治談義、経済談義をするほどであったというから、実業家廣高の妻にふさわしかったのだろう。

しかも静子は美人で着物の着こなしが素晴らしかったので、ブロマイド写真が発売されて当時の女性の憧れの的だったほどである。また静子は美容や化粧に関するアドバイスをする本も出版した。まさに今でいうところのカリスマ主婦モデルである。

ところが静子は一九二八（昭和三）年に廣高と離婚。花月園のダンスホールで流行ったダンスをもっと発展させようと、赤坂溜池にダンスホール「フロリダ」を開業。フロリダの名付け親は

花月園をつくった平岡廣高の静子夫人。カリスマ主婦モデルだった（出典：同前）

勝海舟の孫だったという。

しかしフロリダの経営はうまくいかず、静子は経営から手を引き、その後の消息は不明。共同経営者だった日本ダンス界の草分けの一人津田又太郎は、一九三二（昭和七）年に火事で全焼したフロリダをル・コルビュジエ風のものに建て替え、成功させたという。

このフロリダは一九四〇（昭和一五）年に閉鎖させられ、戦後すぐに新橋田村町の飛行館に移転した。飛行館の設計者は早稲田大学に建築学科を開設した佐藤功一。早稲田大隈講堂、日比谷公会堂、小平の津田塾大学、栃木県庁、群馬県庁、滋賀県庁などを創った人物だ。

飛行館は日本航空協会（一九一三年創立の帝国飛行協会が母体）など飛行機に関する各種団体が入っていたビルあり、ビル内に映画館もあったそうだからキャバレーができてもおかしくない（一九七八年に建て替えられ「航空会館」となった）。

フロリダはダンスホールのなかで最も権威があり、客筋もよかった。石原慎太郎原作の小説「太陽の季節」が映画化されたとき、最初の撮影場所がフロリダだった。

しかし中国人に買収され、一九五九（昭和三四）年に「キャバレーミス東京」に転換したという（福富太郎『わが青春の盛り場物語』、本橋信宏『新橋アンダーグラウンド』）。

昭和三〇年代の映画を見ると、中国人が夜の世界に暗躍している話が多いが、実際にそうだったのだな。

このように平岡一族の人生は、京マチ子と山本富士子と若尾文子と市川雷蔵の主演で映画にしたくなるような豪華絢爛で波瀾万丈なものだ。そういう人々がつくった遊園地なのだから、花月園が子ども本位とはいえ大人も楽しめる娯楽の総合施設になったのは当然であっただろう。

しかし一九二〇年代に入ると、東京の私鉄沿線には多摩川園、京王閣など、多くの遊園地が開業する。また一九三一（昭和六）年に開店した百貨店の松屋浅草店は日本で初めて屋上に遊園地を設置した。

こうして競合が増えるなか、花月園の経営は悪化し、多くの負債を抱えることになった。そのため一九三三（昭和八）年、経営は平岡から京浜電鉄（現・京浜急行）と大日本麦酒などを大株主とする株式会社花月園に移行。翌一九三四年、平岡廣高は世を去ったのだった。

競輪場も今は廃止され、防災公園と住宅地として整備される。行ってみるとすでに工事中であるが、花月園は駅からかなり高い丘の上の緑の中にあったことがわかる。高い丘をやっと登ると別世界が広がったのであろう。

〈参考文献〉
齋藤美枝『鶴見花月園秘話』鶴見区文化協会、二〇〇七年
野口孝一『銀座カフェー興亡史』平凡社、二〇一八年
本橋信宏『新橋アンダーグラウンド』駒草出版、二〇一七年

八王子

花街を核とした街づくりで復活の機運が盛り上がる

すごかった八王子まつり

いやあ、すごかった。八王子まつりがこんなに大がかりだとは思わなかった。二〇一七年は八王子市制一〇〇年ということで、特に盛大だったらしいが、一九台もの山車が繰り出し、甲州街道に集まった山車総覧は圧巻だった。

また、芸者衆を乗せた「にわか山車」と呼ばれる小さな赤い車が街中を巡行する様は、とても幻想的で、「千と千尋の神隠し」みたい。浅草や神田ではなくても八王子にこんな古い祭があるなんて、と驚いた。

だが、この祭、残念ながら、地元周辺の人以外、あまり知られていないのではないか。吉祥寺に住む私も初めて行ったのだが、実は集客も相当で、浴衣姿の若い世代も大量に集まっていた。しかも吉祥寺よりずっと客層が若い。

八王子というと、近年人口も減少しており、大学も都心に戻ってしまうし、百貨店なども撤退が相次いだ、ということで、商業地としてはあまり良い噂は聞かなかった。同じ市内である高尾は、ミシュランの星付き観光地となり、外国人を含めた客が増えているが、その客が八王子駅は素通りしてしまうのが悲しいという地元の声も聞こえてきていた。だからまあ、正直、私としても八王子にそんなに期待して取材を始めたわけではない。

取材したいと思ったきっかけは八王子市中町《なかちょう》にある八王子の花街《かがい》（「はなまち」とも読む）だ。

壮観だった山車総覧

取材に先立って情報を集めているうちに、花街で置屋「ゆき乃恵《のえ》」を経営するめぐみさんが、八王子の近年の街づくりに大きな貢献をしているらしい、しかも美人だ、というので、これは取材するしかないと考えたのだ。

織物で栄えた街

八王子に花街があることは知っていた。花街の黒塀を復活する事業を進めるための「八王子黒塀に親しむ会」が熱心に街づくりをされていることも近年新聞などで知っていた。

しかし、八王子の花街が「東京六大花街」(新橋、赤坂、神楽坂、浅草、芳町(人形町)、向島)に次ぐ花街と言われるほど栄えていたとは知らなかった。しかも今、三多摩では唯一残る花街

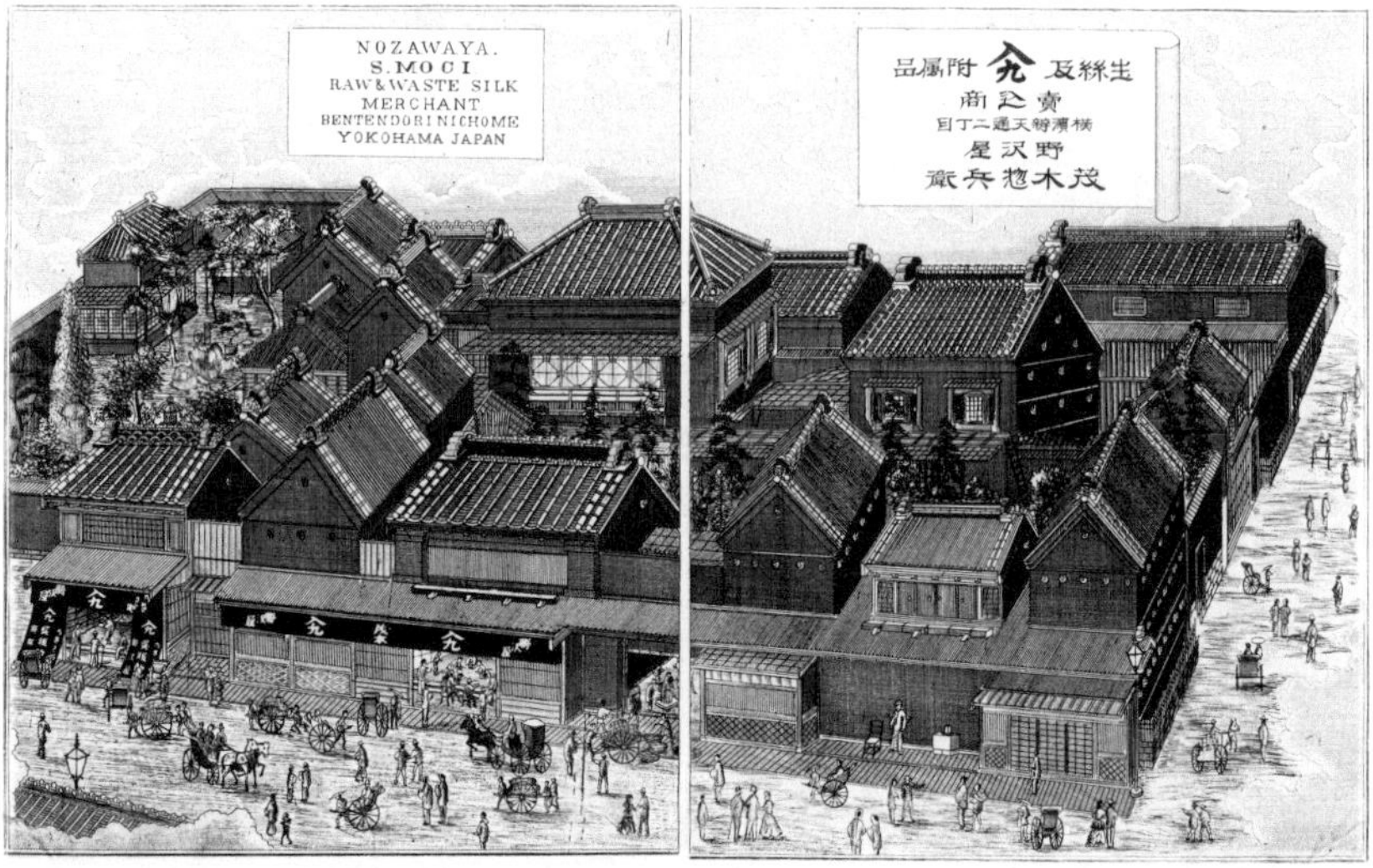

生糸及付属品売込商　野澤屋　茂木惣兵衛　明治時代中期
（出典：『横浜諸会社商店之図』横浜開港資料館蔵）

である。

考えてみれば、八王子は江戸時代以来の絹の産地であり、明治以降は織物の街として栄えた。一八七七（明治一〇）年の内国勧業博覧会には、八王子から四〇人が参加、三名に優秀賞が授与された。一八八六（明治一九）年には八王子織物組合が結成。九〇年の内国勧業博覧会では小川時太郎の出品した綾糸織が一等有功賞を受賞するなど、その技術力において八王子の織物は高い評価を得た。

八王子周辺で生産された生糸、それが織られた反物、着物、ハンカチーフなどが国内のみならず、横浜から海外に輸出され、外貨を稼いだ。一九二一（大正一〇）年には八王子の織物生産は最高潮に達し、生活のモダン化に合わせて日本一のネクタイ産地となった。ユーミン（松任谷由実、旧姓荒井）が八王子の荒井呉服店の娘だということはファンなら知っているだろう。

こうして羽振りの良い機屋《はたや》（織物業者）が増え、その経営者たちが夜ごと集まり、料亭で芸者を呼び、遊び、接待をした。それが八王子花街の発展の理由である。

大正時代には芸者数二〇〇人を超え、一九五二（昭和二七）年には料亭四五軒、芸者二一五人だったというが、一九六〇年代の高度経済成長期に、化学繊維が普及して絹織物の需要が減ったこと、また、機屋さんたちが、当時新しい観光地となった熱海や箱根で遊ぶことが増えた。それが八王子花街の衰退の理由だという。一九九七（平成九）年には、料亭六軒、割烹料亭五軒、芸妓一四名にまで減少した。

めぐみさん

めぐみさん、奮闘する

「私が芸者になった一九八五年頃はまだよかったんですが、それからどんどん衰退していきました。おかあさん、おねえさんたちからは、昔はこうだった、ああだったと、景気が良かった頃の話をたくさん聞かされました。でも、だったら、こんなことをしたらお客さんに来てもらえるんじゃないです

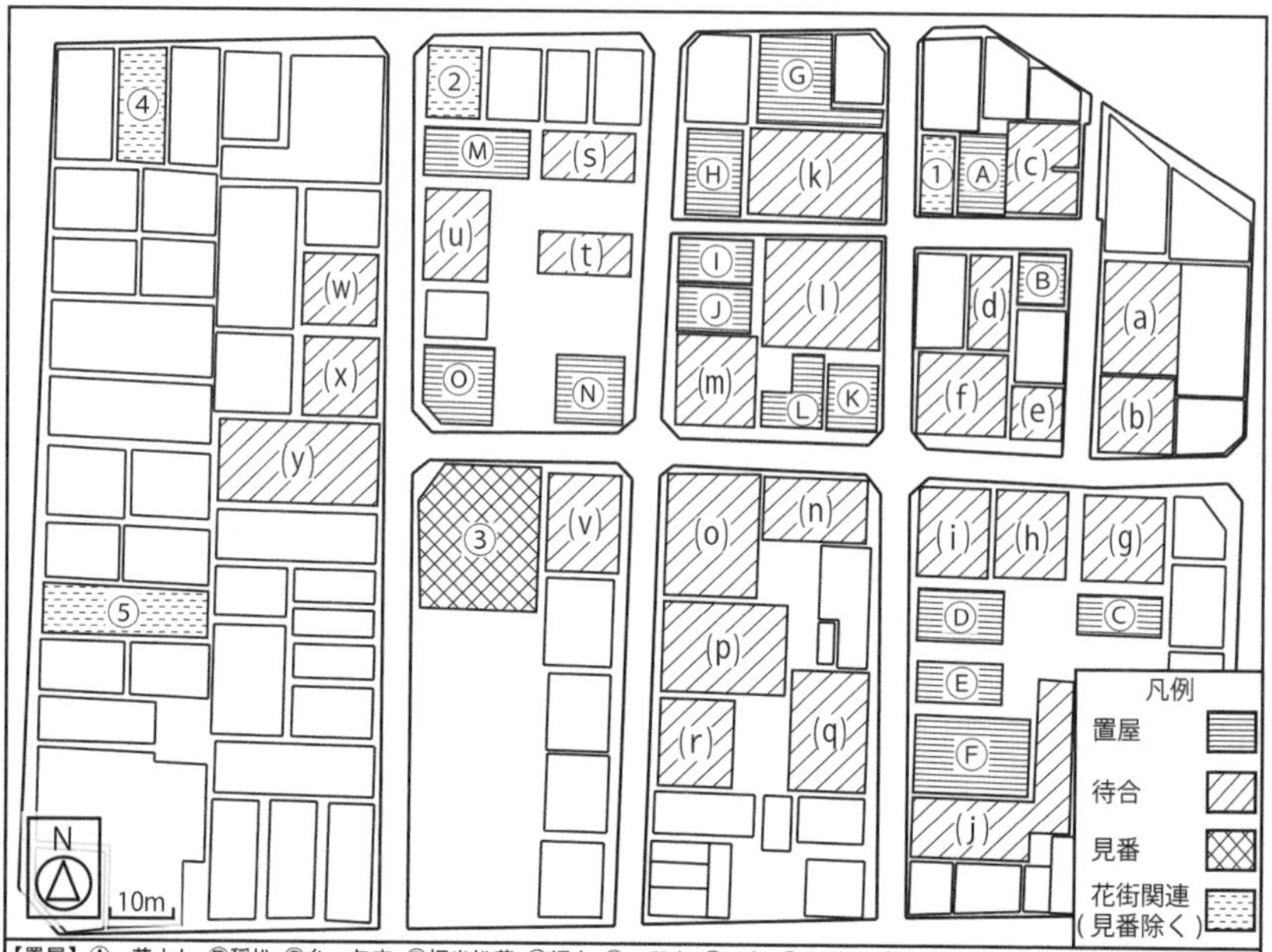

【置屋】Ⓐ一若よし Ⓑ稲松 Ⓒ糸一与志 Ⓓ福米松葉 Ⓔ輝本 Ⓕ一與志 Ⓖ一角 Ⓗ志ゲ柳 Ⓘ富松葉 Ⓙ寿々本 Ⓚ金蝶 Ⓛ新志ゲ柳 Ⓜ太郎 Ⓝ静茂登 Ⓞ福富　【待合】⒜福喜代 ⒝金本 ⒞稲松 ⒟どんたく ⒠金柳 ⒡浅の家 ⒢初清 ⒣河内家 ⒤藤迺家 ⒥稲治 ⒦いく稲 ⒧朝喜代（トシ松）⒨福高島 ⒩竹本 ⒪初〆 ⒫松月 ⒬和歌本 ⒭双葉 ⒮お多福 ⒯燕楽 ⒰花の家 ⒱静茂登 ⒲松ヶ枝 ⒳三楽 ⒴太平楽
【花街関連】①富山（髪結い屋）②かづさや（人力屋）③見番（八王子三業組合）④井上（履物屋）⑤名称不詳（履物屋）

全盛期の八王子花街の置屋、待合など
(出典：久保有朋、岡崎篤行「花街建築に関する分布の変遷及びまちづくりのプロセス―八王子市中町を対象として―」『日本建築学会大会学術講演梗概集』2014年9月)

か、こんなことはできませんか、と私は何度もしつこく提案してきたんです。」

　めぐみさんのしつこさ、いや、熱心さ、情熱は、八王子に限らず有名らしい。

「それで、一九九九年に、芸者募集のポスターをつくらせてくれって頼んだんです。芸者をポスターで募集するなんて、未だかつて聞いたことがないと、あきれられたり、怒られたりしました。でも、私があんまり言うので、じゃあ、やってみればいいということになったんです。」

　現在では電車の中のポスターでもインターネットでも全国各地で芸者の募集は行われてい

にわか山車が街を巡行する。幻想的な光景だ

る。その最初が八王子だったのだ。

「にわか山車も、昔あったのはみんな売ってしまったのか、もうなくて、昔の写真を見て、ああ、やりたいと思って、それで二〇〇五年の八王子まつりでやらせてもらいました。とはいっても最初は、ブルーシートを地面に敷いて、音響装置も小さなもので、しかも途中から雨が降ってきて、というようなことで。でもそれから、中町町会さんが中心となってお金を集めてくださって、今の朱塗りのにわか山車をつくってもらったんです。」

　また、芸者にとっては踊りを披露する会がどうしても開きたいということで、祇園の「都をどり」、新橋の「東をどり」のように、八王子ではこれまで開かれたことのない興行として、二〇一四年には念願の「八王子をどり」を開いた。これは三年ごとに行われ、今年も開催、二〇年にも開催予定だ。

「あれがないからできない、これがないから無理なんて言っていたら、何にもできません。昔、見番《けんばん》（注：花街の業者の組合事務所）があった頃は、中に檜の舞台があったというんですから。でも、高校野球を見ていても、雪国でグラウンドが使えない、設備もない、バッティングマシンも少ないなんていう高校でもしっかり甲子園に出てくるじゃないですか。」

これからの八王子は「和」を中心に

「これからの八王子は、やはり『和』を打ち出すべきだと思いますね。立川はずいぶんモダンになりましたが、八王子は、駅から遊歩道がありますので、ここにもっと『和』の要素を入れたい。鳥居をつくって、門前通りらしくね。特に用事がなくても、歩いていて楽しいレトロの街にしたいです。だって、今はどこの駅前もチェーン店ばっかりで、面白くないじゃないですか。せっかくお祭りや踊りに来て頂いても、街全体に『和』の雰囲気がないと、がっかりして帰っていかれて困りますから。『黒塀に親しむ会』さんとも協力させて頂きながら、やっていきたい。」

「和」だ「レトロ」だといいながら、めぐみさんの視線はあくまで未来志向だ。

「花街って外から見ても何だかわからない夜の世界、古い世界でしょう。そこが魅力でもあるの

八王子まつりには多くの家族連れ、浴衣姿の若い女性などが集まった

ですが、でも、おもてなしの世界ですから、やはり清潔感もないといけません。花街は、歌、踊りだけでなく、建物、お部屋、お茶、お花、所作まで、生活全体を美しくする総合芸術じゃないかと思うんです。そういう街があるってことは素晴らしいことです。」

八王子市商工会議所や住民は、一九九九（平成一一）年に「八王子黒塀に親しむ会」を結成し、花街文化の伝承とその情報を発信し、芸者衆は地元の行事に積極的に参加し、その技芸を披露しており、その芸の質も高いと評価を得ている。

二〇〇八（平成二〇）年には、住民や商店主による中町地区まちづくり推進準備会が発足。二〇〇九年には、東京都に申請した「江戸・東京まちなみ情緒の回生事業」が日本橋と共に選定され、花街黒塀通りの石畳舗装・外壁の黒塀風塗装・街灯の整備などが行われた。

二〇一〇年には中通り（見番前の東西道路）が石畳風に改修され、伝統と文化が薫るまちの再興に向けた気運がさらに高まっている。

現在は準備会から発展した「中町まちづくり協議会」が八王子市に認定され、駐車場のネットフェンスの黒塀化、竹灯篭による灯りのプロジェクト、まちづくり通信の発行など、地元主体のまちづくり活動を行っている（中町商店会ホームページ参照）。

二〇〇六年には「越中八尾おわら風の舞in八王子」に八王子の芸者衆も参加。その後は独立した連として修業。二〇一七年九月一七日にも「風の舞」が行われるが、そのために六月、八王子芸者衆は八尾町に出向いて指導を受けているのだ。

「土地の芸能には土地の人々の暮らしや思いが深く染みついています。手先の伸ばし方、間の取

八王子まつりでの半玉さんの踊り

り方……すべてに必然性と意味があります。それを理解する努力をした上で演じ、舞わせていただくことは、芸者衆としての責任だと思うのです」

芸者としての矜持《きょうじ》を示すと共に、すべての土地が、同じような店ばかりで同じような風景になってしまうことを嫌うめぐみさんの考えと通底する言葉だ。

募集ポスター以来、芸者衆も増えた。そこから新たに置屋になる人も三人生まれた。彼女たちは中町に柳を植えて、全盛期の花街をますます復活させようという勢いだ。

（参考文献）
八王子市郷土資料館『八王子の産業ことはじめ』二〇一六年
浅原須美『芸者衆に花束を。』風声舎、二〇一七年
浅原須美「八王子花柳界の復活！　町とともに生き、芸に舞う」『東京人』二〇一七年八月号

立川

飛行場と米軍基地で栄えた歴史は今も街の遺伝子か?

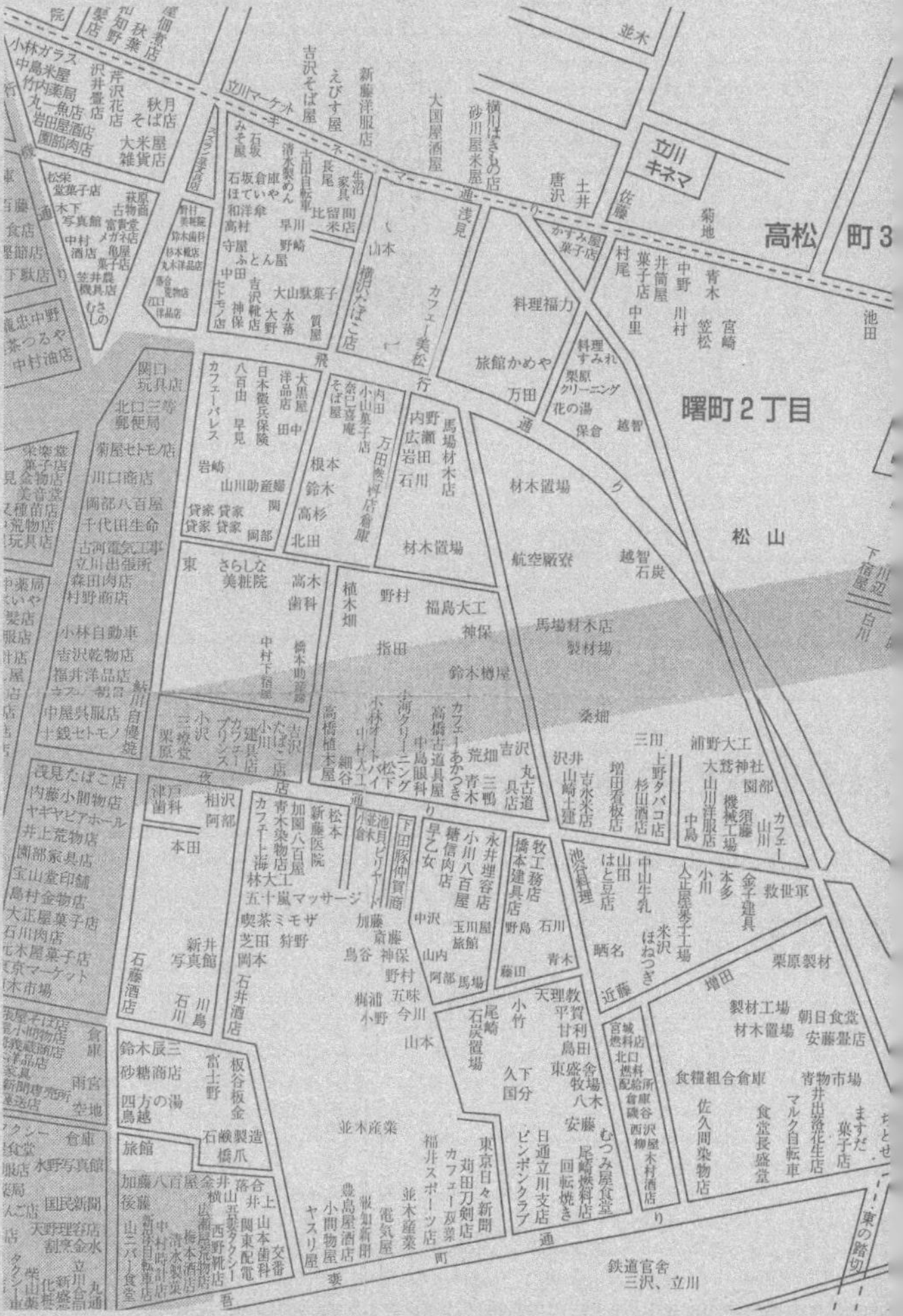

飛行場建設を契機に始まった発展

立川には昔「夜の市長」がいたらしい。今の立川は、駅ビルのルミネ、グランデュオ、北口に伊勢丹、高島屋、そして多くのタワーマンションなどにより、都心並みの賑わいを見せている。しかし再開発が進む前、四〇年くらい前までは、まだ「基地の街」のイメージが強かった。私は一九七七（昭和五二）年に東京に来て、国立市の大学に入ったが、ベトナム戦争の終結が七五年、米軍のベトナム撤退が七三年だから、立川の街はまだ十分「基地の街」として認識されており、普通の学生が立ち寄る街ではなかった。映画は吉祥寺や三鷹へ見に行ったし、国立にも名画座があった。だから「夜の街」である立川に行く必要はなかった。一部の学生はストリップ場や風俗店に行っていたが。

古代、中世、江戸と、地域の拠点としての歴史を持つ府中、八王子、青梅などと比べると、立川にはあまり長い歴史はないようだ。

多摩川に面した現在の柴崎町一丁目あたりが立川村（旧・柴崎村）の中心で、そこから立川駅あたりまでが耕地。その北と東は山林だったという。

駅北は旧・砂川村であり、江戸時代の新田開発でできた村である。だが地下水に乏しく、農業には適さない。そのため、長い努力の末、養蚕によって豊かな村を築き上げた地域である。

今回の取材ではこの砂川村のあたりを歩いてみたが、立派な庭を持つ農家をしばしば見かけた。

玉川上水近くには、古い大きな家が多い

豪農の屋敷を使った寿司チェーン

立川にもこんな農村風景があるのかと、驚いた。

立川通り沿いには、豪農らしい農家の屋敷を活用したチェーンの寿司屋もあった。説明の看板を読むと中野家の屋敷だという。中野家は砂川村の豪農であり、砂川七番駅近くの中野家住宅は国の登録文化財である。二度とつくれないこうした屋敷が保存されるなら、チェーン店になるのもいいのではないか。

また、中央線（当初は甲武鉄道）の立川駅が一八八九（明治二二）年にできてから、駅の北口は急激に発展した。

また、一九二一（大正一〇）年に陸軍が立川で大演習を実施、同時に立川を航空部隊の基地とするため立川村、砂川村で土地買収をし、一九二二年に広さ四五万坪の立川飛行場ができる。以来一九三三（昭和八）年まで軍用としても民間飛行場としても利用され、当時は「東京国際空港」でもあったが、その後民間は羽田に移り、立川は軍専用となる。

飛行場と関連して周辺には軍事施設が増え、陸軍航空工廠、立川飛行機、日立航空機、昭和飛行機などの工場とその下請けが増えて、立川は軍需産業の街として発展した。従業者が増え、住宅地が広がり、その需要に応える商業も広がっていった（立川飛行機だけで一九四〇年の従業員が八三五〇人だった）。

これが現在の立川の街の基礎をつくった。一九二三（大正一二）年には立川村は人口五千人を超えて立川町となり、一九四〇（昭和一五）年には人口三万人を超える立川市となる。

したがって昭和一〇年代の立川は住宅難の時代だった。駅北口から曙町、高松町、さらに砂川

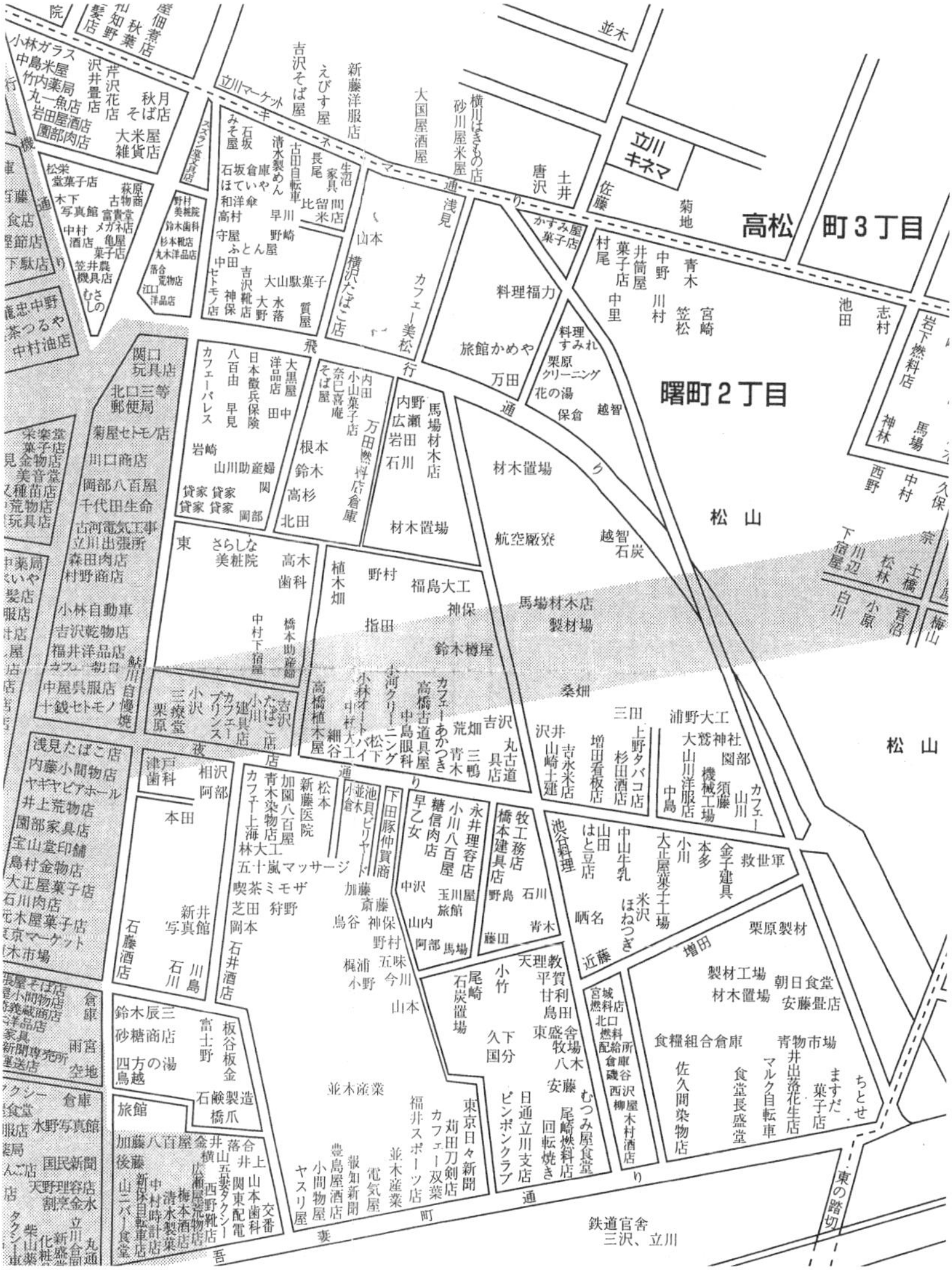

戦前の立川北口。カフェー、ビリヤード、ビヤホールなどの文字が見える
(出典:『立川の昭和史　第1集』立川市教育委員会、1996年)

立川にはたくさんの映画館があった（立川市歴史民俗資料館所蔵）

の栄町へと住宅地化が進んだ。農家の蚕室が軍事労働者の寄宿舎になったこともあるという。栄町には今も栄町銀座という商店街があるが、銀座という名前からして戦前の名残であろう。ただし今は商店は数店しかない。

また、立川には大正時代から映画館がたくさんあったが、「立川キネマ」という、一九二五（大正一四）年にできた、当時としては大規模な二階建ての映画館があった。このあたりは、今もシネマ通りと呼ばれて、立川の振興の一翼を担っているようだ。

立川キネマができるまで、立川の人々は八王子までわざわざ映画を見に行った。八王子には何館か映画館があったのだ。しかし汽車の数も少ない時代で、不便だったので、やっぱり立川にも映画館をつくろうというので誕生したのが立川キネマらしい。

立川キネマの宣伝部には、次の映画は何に

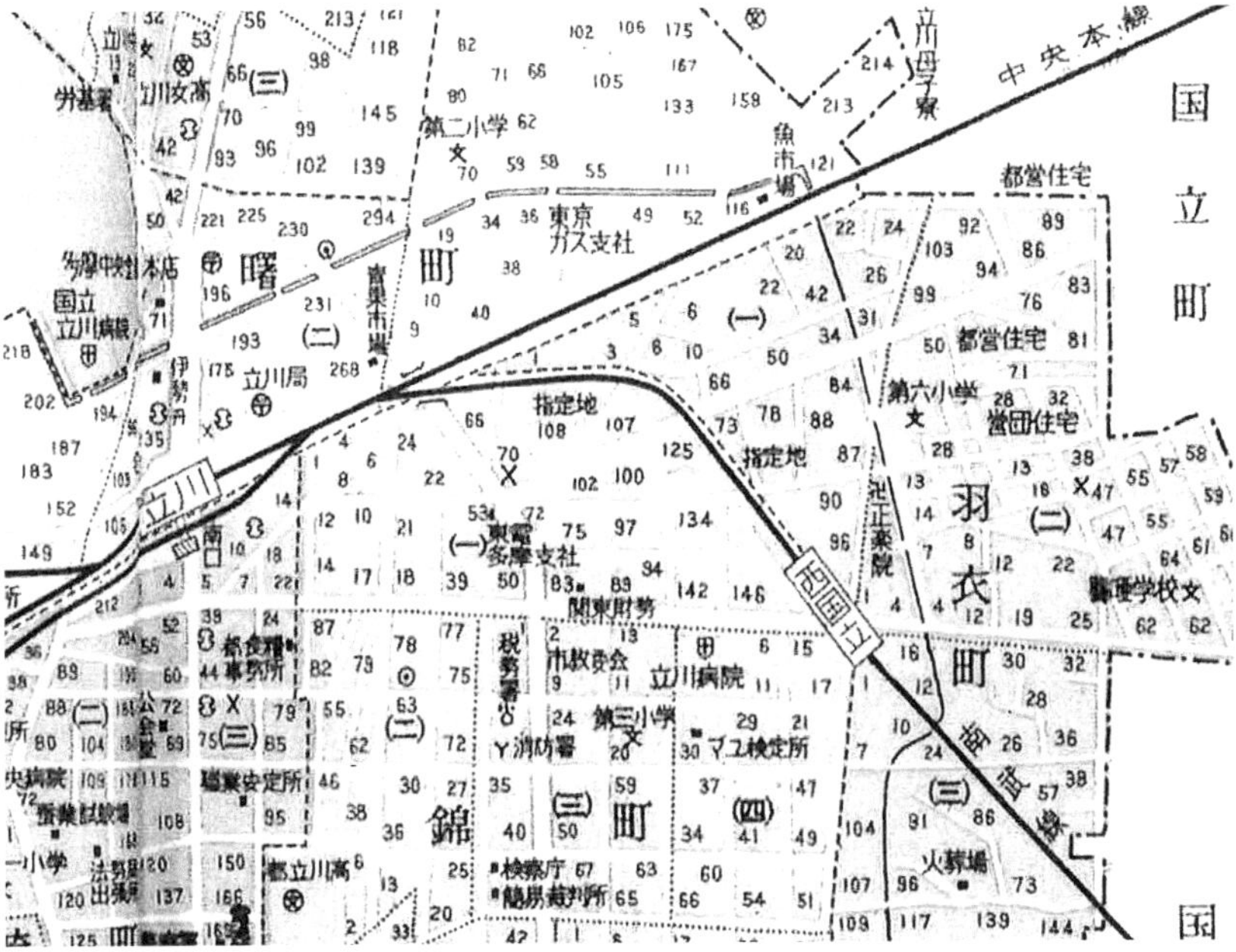

南武線を挟んで2か所に二業地の「指定地」がある
（出典:『東京都区分地図帖』日本地図株式会社、1955年）

するか、チラシのデザインや看板のコピーはどうするかと、いつも賑わっていたらしく、あたかも文学青年と文化人のたまり場のようであったという。

　立川駅の南西の商店街、諏訪通りには「立川名画座」という映画館があった。立川キネマと同じ一九二五（大正一四）年に「立川演芸館」として開館し、奇術、講談、落語などを上演していたが、戦後、一九四五年に「立川名画座」と改名し、八六年に区画整理で閉館するまで住民に親しまれた。夏休みなどは朝からずっと夕方まで映画を見ていた人もいたという。そうした往時を懐かしむ有志により、二〇一五年からは、「立川名画座通り映画祭」が毎年開催されている（『東京人』二〇一八年九月号参照）。

　一九五〇年代になると、立川の北口に

現在の錦町楽天地跡地にも昔の名残りがある

は「セントラル」「中央」「松竹」の三館の映画館が並んだ。その他、南口の名画座、錦座、南座（東映）、大映、東宝、日活、そして立川キネマ（戦後は立川シネマ）で、立川には合計一〇館の映画館があり、賑わったという。

南口は耕地整理によって住宅地化、料亭もできた

飛行場と軍によって発展する北口に対して、南口の開発は遅れていた。明治以降は政府による様々な農業振興策の拠点になっていった。蚕種検査所、蚕病予防事務所、東京府蚕業試験所、府立農事試験場などが、明治末期から大正時代にかけて設立され、

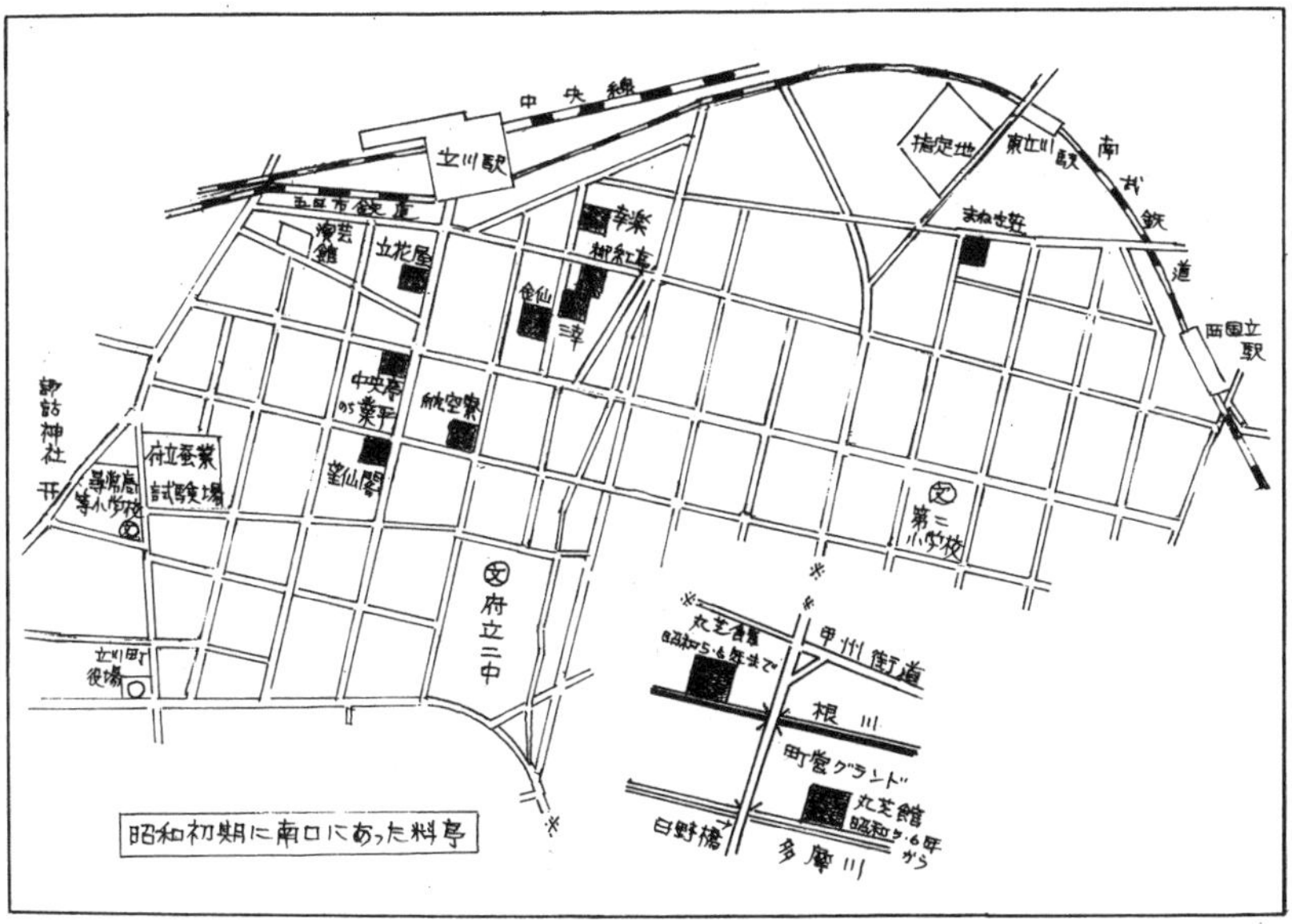

昭和初期の料亭地図。立川駅の右下に「三幸」がある
（出典：『昭和初期の耕地整理と鉄道網の発達』立川市教育委員会、1999年）

立川は農業新興の中心地となったものの、立川駅には一九三〇（昭和五）年まで北口しかなかった。今の南武線（旧・南武鉄道）が開通してから南口ができたのである。

南武鉄道と地元農民は耕地整理に着手し、一九四〇（昭和一五）年に整理事業が完了。整然とした区画に高級な住宅地ができ、商店が並んで南口銀座が誕生したのである。

また、南口では一九二八（昭和三）年に錦町一丁目が、その後羽衣町にも二業地ができて、花街としても発展した。錦町のほうは「錦町楽天地」、羽衣町のほうは「羽衣新天地」という。

さらに一九二八年に、錦町一丁目に二業地ができた。その後羽衣町にも二業地ができて、花街としても発展した。錦町のほうは「錦町楽天地」、羽衣町のほうは「羽衣新天地」と言われた。

羽衣新天地は、江東区の洲崎《すさき》遊廓の疎開先として一九三九（昭和一四）年につくられたもので、住宅地の中にあり、生け垣に囲まれた普通の住宅のような外観だったという。

錦町の「三幸」という料亭は歌手・布施明の父の幸四郎が創業したものだった。もともと幸四郎の兄の三郎が新潟県から出てきて酒屋を始めたのだが、急逝したため、幸四郎も新潟から出てきて後を継ぎ、店先で酒を飲ませた。

その後、酒屋の免許と飲食の免許はどちらか一つだけしか取れなくなり、飲食を選んだ。「三幸」という店名は三郎と幸四郎からとったものだろうと言われている。

現在の二業地跡地は、小さな飲み屋が数軒ある他は、旧花街の風情は残っていない。しかし駅からそのあたりまではラブホテルあり、場外馬券売り場あり、キャバクラ多数で、その点は戦前以来の土地の個性を保っていると言えるだろう。

基地の街へ

戦争が終わると軍事関連の従業員は全員が解雇され、彼らの多くは出身地に戻った。市の人口は半減してしまった。市内には失業者が溢れた。そこに米軍が進駐してきた。日本軍の貯蔵していた物資や米軍からの横流し品が街頭に現われ、駅北口の広場から高松通りには露店が並び、闇市が形成された。

立川周辺の米軍基地群で働く日本人は約二万人。うち立川基地だけでも一万二〇〇〇人であり、市内の全従業員数を上回っていた。福生の米軍基地の日本人従業者は三五〇〇人ほど、府中市は一二〇〇人ほどだったから、立川の規模の大きさがわかる。

かつ、従業員の八割は市外からの通勤者であったというから、米軍が市の経済に与えた影響は非常に大きかったはずだ。

もちろん夜の女性も増えた。米兵向けにRAA(特殊慰安施設協会)の立川支部としてキャバレーなどができ、米兵相手専門の「洋娼」が登場した(一九五四年ごろの東京都衛生局の調査によると四二六軒)。

駅周辺、高松町、曙町、富士見町、錦町、柴崎町などに、洋娼のためのハウスが三〇〇軒以上、ホテルが約六〇軒、ビヤホール、バー、キャバレーが一〇〇軒以上でき、立川は「基地の街」となったのだ。

洋娼たちは、ショートタイム・ハウスに住む者、専属のホテルに住む者、「バタフライ」と呼ばれるフリーの女性、特定の一人の米兵を相手にする「オンリー」などがいて、バタフライだけで三千人、その他を合計すると五千人の洋娼がいたらしい。

洋娼たちの着る洋服の需要で洋服屋は儲かった。パーマの服装や流行も、何しろ本物が基地から手に入るので、早かった。それから家具屋も儲かった。洋娼が出入りする店から毎日のように

立川にあったキャバレーの夜景
(出典：鈴木武編『立川の風景　昭和色アルバム　その5』ヤマス文房、2016年)

ダブルベッドやカーテンの注文が入ったからである。

西立川駅のほうにはクルマに乗ったまま映画を見る野外劇場もできた。当時は珍しかったピザを出す店も多かった。

夜の市長

キャバレーの代表は中野喜介が曙町につくったキャバレー「立川パラダイス」だ。中野は「夜の市長」という異名を持つ地元の有力者だった。

立川パラダイスは、旧陸軍将校宿舎を借りて、全国から三七〇人の女性を集めてつくったものだ。兵隊ではなく将校が行く店でもあった。ダンサーだけで一〇〇名ほど

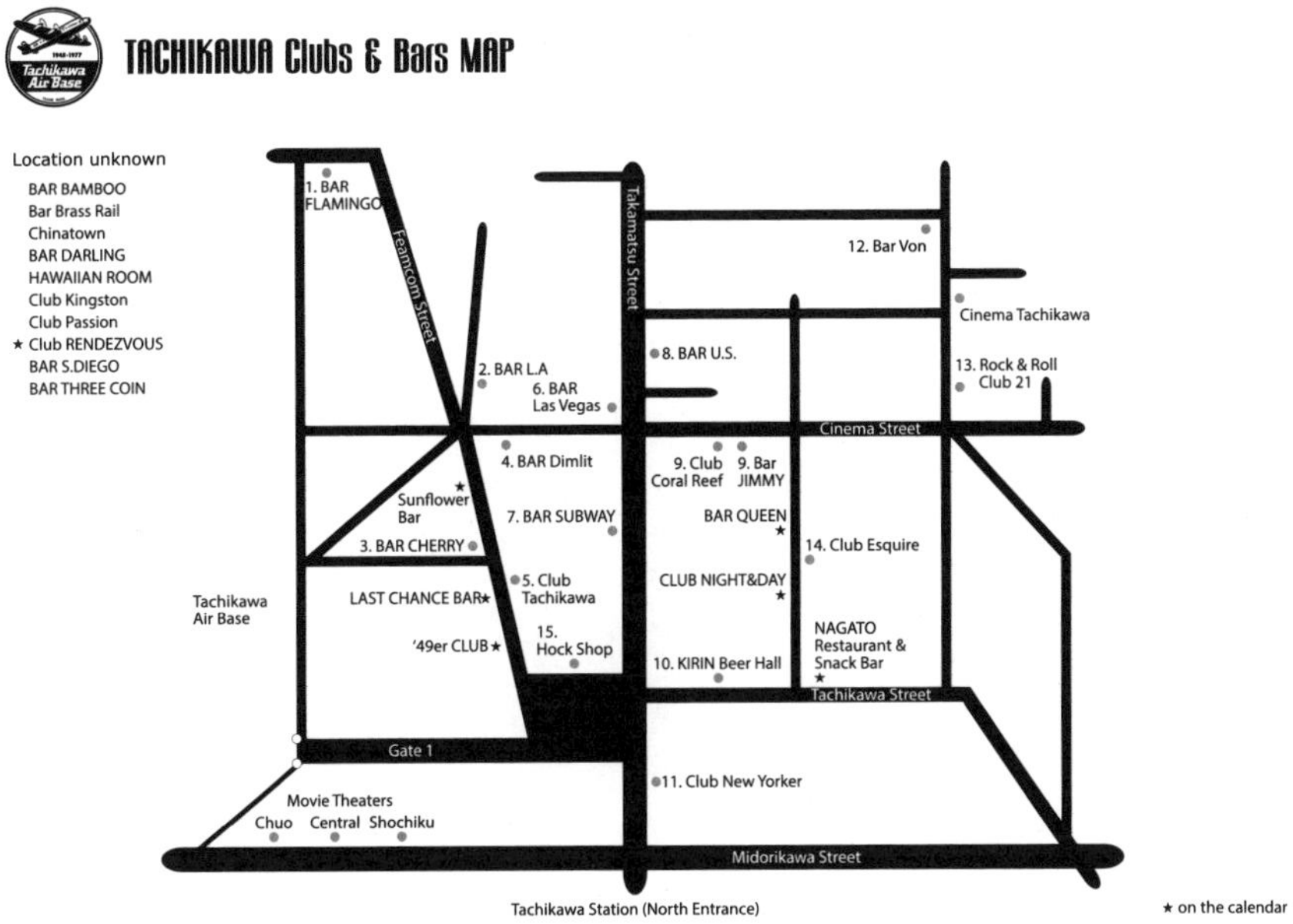

立川駅北口のクラブやキャバレーの分布
（出典：同前）

いたが、ダンサーの中にも洋娼になっていく者が多かった。

他のキャバレーも女性が二〇〇人くらいいる大規模なものが多かった。富士見町にモナコ、高松町にＶＦＷ、シビリアンクラブ、その他、ゴールデンドラゴン、セントラル、グランド立川、サンフラワーなど。競輪場通りには「娘ビヤホール」という大きなビヤホールもあった。

ジャズバンドが入るクラブもいくつかあった。ジョージ川口、小野満、松本英彦、江利チエミ、フランキー堺ら、戦後日本を代表する多くのミュージシャンが、それらのクラブで演奏した。

熱海の石亭が立川につくったホテルにも高級クラブがあり、そこにもバンドが入ったが、客は高級将校だったという。

お隣の文教都市・国立ですら、一九五〇

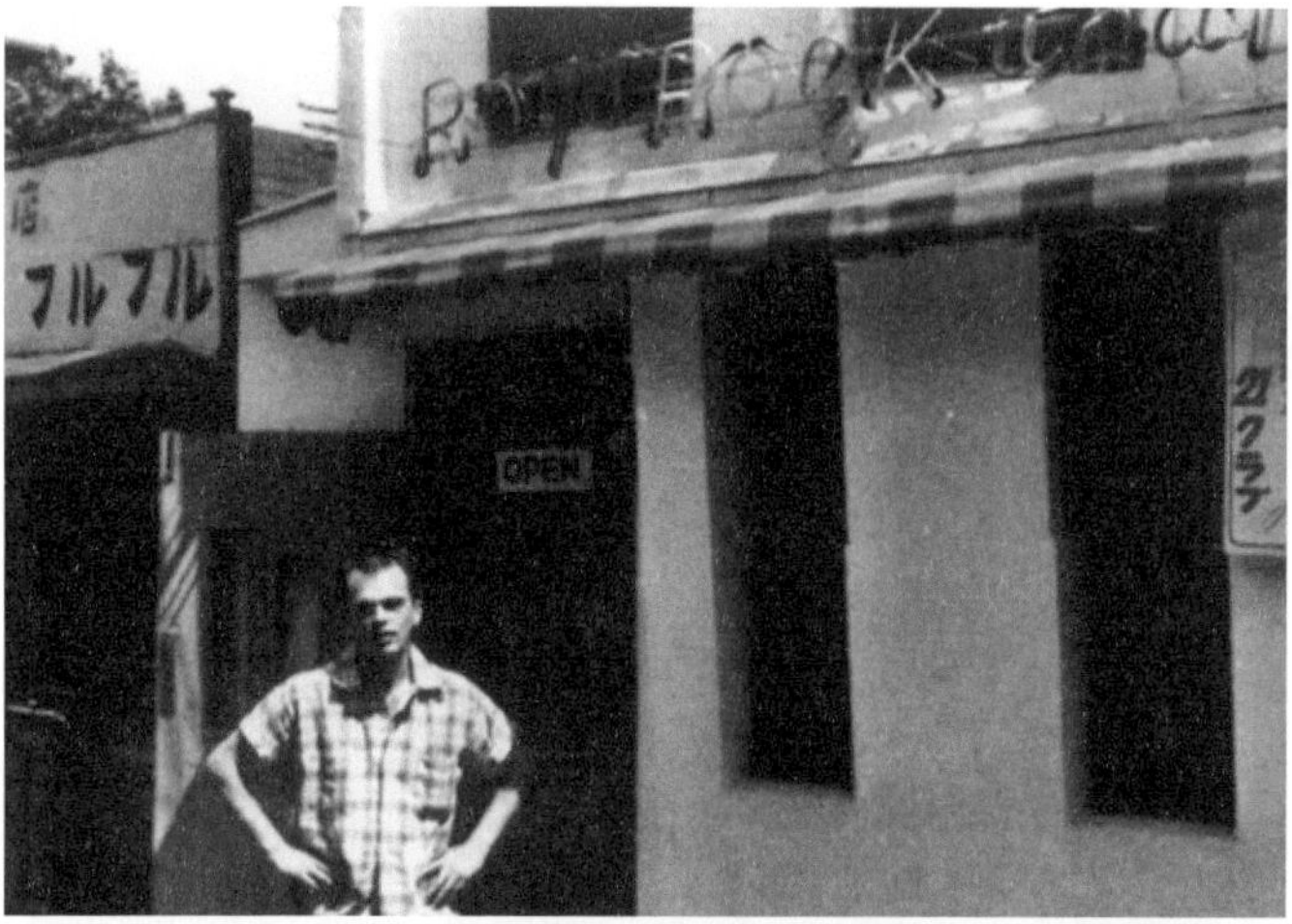

ロックンロールクラブ21（出典：同前）

現在の同じ場所

〜五一年には学生向けの下宿屋が一夜にしてホテルに変わったというのだから、当時の立川のその種の需要の大きさが想像される。

悲しい歴史ではあるが、今、当時のキャバレーを写真で見ると、全盛期のアメリカの文化が感じられて、正直言ってかっこいい。お気楽な言い方で失礼かもしれないが、ひとつの歴史現象としては、タイムマシンに乗って見に行きたい気がする。

少しはキャバレーやクラブの名残りが街にないかと思って九三頁の地図を見ながら歩いてみたが、すべて建て替わっている。ひとつだけ、ロックンロールクラブ21の建物はまだあった。NAGATOレストラン・アンド・スナックバーのあたりは今も飲食店が並んでおり、ダーツバーもあるので、それが名残りだと言える。

立川にいてこんな楽しい青春はなかったです

立川駅の北口の東側、かつて夜店通りと呼ばれて米軍相手のカフェやビヤホールも多かったという通りの近くに「立川屋台村　パラダイス」(通称「タチパラ」)という横丁がある。立川駅北口にある商業ビル「フロム中武」が開業したものだ。

屋台村というのはもうかれこれ二〇年以上前から広がってきた業態だと思うが、この立川の屋

立川屋台村パラダイス

台村は二〇〇八年にできたらしい。街の遺伝子のせいなのか、あるいは再開発されて近代的になりすぎた北口との対比がちょうどいいからなのかわからないが、この屋台村、すっかり街に溶け込んでいて、なかなかいい雰囲気だ。ワイシャツ姿のサラリーマンなどが次々客として入ってくるし、ひとりでしんみり飲む人もいる。立川らしい風景を生み出している。

それもそのはず、この屋台村は、フロム中武の元社長で、立川市教育振興会理事長だった中野隆右氏がつくったのだそうだ。先ほど書いた中野家の中野氏である（「中武」という名称は中野と武蔵野から取ったもの）。

その中野家に養子に来たのが先述の中野喜介氏であり、一九五三（昭和二八）年に設立された立川商工会議所の設立発起人代表・初代会頭となった。その時代を、ある意味懐かしむ意味があって、この屋台村はつくられたらしいのだ。

中野隆右氏は「私は彼ら（喜介氏、三浦注）が活躍した時代こそが、本当の立川の生き生きとした時代であると思っている」と書いている（『立川〜昭和二〇年から三〇年代』）。

また同書の中で、米兵相手にバーを経営していた男性も語っている。「私は若い人に昔の話を聞かれる時、私らなんかの若い頃、立川にいてこんな楽しい青春はなかったですよと答えます。法という枠がきちっと決まってしまうと、その枠の中で行動することになります。〈中略〉私らの戦後は、その枠がまだ決まっていなかった。〈中略〉今ではちょっと外れたりしたら、世間からみんなに嫌な目で見られて、人が相手にしなくなるでしょう」

生きるのに必死な時代であり、ある意味では無法地帯のような社会であったが、戦争の恐怖から解放され、法の枠すらない自由さの中で生きていた、その時代のエネルギーがたまらなく懐かしいのであろう。

立川パラダイスは、数年で幕を閉じたが、その後に中野喜介氏は学校法人立川学園による立川専門学校を設立した。キャバレーだった建物をそのまま専門学校にしたのである。立川専門学校はその後移転するが、跡地は今、都立立川国際中等教育学校のグラウンドとなっている。

軍都、そして「基地の街」としての歴史がこれくらい濃厚な立川では、再開発しても街が完全には脱臭、脱色されないのだなと感心する。それは街の個性という意味では、いいことだと思う。

（参考文献）
中野隆右編『立川〜昭和二十年から三十年代』ガイア出版、二〇〇七年
鈴木二郎編『都市と村落の社会学的研究』世界書院、一九五六年
鈴木武編『立川の風景　昭和色アルバム　その5』ヤマス文房、二〇一六年
『昭和初期の耕地整理と鉄道網の発達』立川市教育委員会、一九九九年
『立川の生活誌　第5集　映画の街とその時代』立川市教育委員会、二〇〇〇年

青梅

映画、多摩川、雪おんな……。散歩の楽しみが揃っている

昭和二〇年代に夜具地で街中が繁栄。「ガチャマン」と言われた

青梅には昭和レトロが色濃く残っている。映画の看板が駅や街なかに溢れ、町中華も多い。通り沿いには蔵も多く、看板建築もたくさんある。

他にもいろいろな見所がある。まずタオルのホットマン。ホットマンの店舗がある都市は消費水準が高いとマーケティング業界では言われるほど、質の高いタオルだ。この本社が実は青梅市。

それから精興社。岩波書店を中心に大手出版社の辞書、書籍の活字を作る印刷会社である。

小説「徳川家康」で国民的作家となった吉川英治の記念館も青梅にある。戦争中に疎開していたからである。

タオルのような繊維製品をつくる土壌は昔からあって、特に、昔の布団を覆う生地、これを夜《や》具地《ぐじ》というが、その夜具地の一大産地だったのだ。

もともと青梅には青梅縞《おうめじま》と呼ばれる絹と綿の交じった織物が一五世紀からあったと言われ、一七六二年には大丸で売られていたという。江戸時代の『江府風俗史』という本には、江戸の流行のファッションについて書くくだりで、「男児は青梅縞に限る」と書いてあるそうである。

このように、最初は着物の生地だったが、次第に綿入れのかい巻きなどの夜着、どてら、半纏、そして夜具地として青梅の織物が使われるようになり、大正一〇年ごろには青梅の織物の年間生産高は最高となり、組合員数は五〇〇名近くになったという。

夜具地全盛期のポスター(青梅織物工業共同組合所蔵)

立派な蔵も多い

さらに戦後、綿織物の夜具地は安価で生活必需品となり、物が不足した一九四七（昭和二二）年から朝鮮戦争を経て一〇年間ほどのあいだが、夜具地の生産がピークとなり、「ガチャマン景気」と呼ばれた。機織機がガチャと動けば万の金が入るからである。

サラリーマンの月給が四〜五〇〇〇円の時代に織機一〇台で月一〇万円の収入が得られた。すると農業をやめて、田畑を手放し、山を売って織機を買う人が増える。

「楽々園」とネオン街

それにつれて娯楽産業も増え、映画館、ダンスホール、ボーリング場、スケート場、ビリヤード場などが栄えるようになった。洋裁、和裁、生け花、茶道、日本舞踊などの習い事の学校や教室も盛んになった。多摩ドレスメーカー女学院には二二〇〇人の生徒が通ったこともあるという。

当時のパンフレット（青梅市郷土博物館所蔵）

一九二一（大正一〇）年には青梅鉄道経営の遊園地「楽々園」が開園している。場所は青梅駅の二駅先の石神駅前、開園後の一九二八(昭和三)年に開設された当初は楽々園駅といった。現在はブリヂストンの保養所「奥多摩園」がある場所だ。

青梅鉄道の社長は青梅に行楽客を集めるため、沿線に庭園をと考えたのが楽々園開園の理由だった。

家族とともに訪れる場所として「都人士の慰楽の場所」を宣伝文句とした。ホテル多摩山荘のほか、釣り堀、砂遊場、子供遊園、テニスコート、プール、大グラウンド、大芝生、動物舎、滝が流れ、納涼洞、和洋食堂があった。当時のパンフレットを見ると「Ideal Suburban Hotel」と書いてある。まさに理想の郊外！

一九五〇（昭和二五）年に開催された花火

本町は料亭や遊廓
で栄えた。今も料
亭がある

往年の青梅の芸者衆（1951年頃。老舗居酒屋銀嶺の店内に残してある写真より）

津雲邸

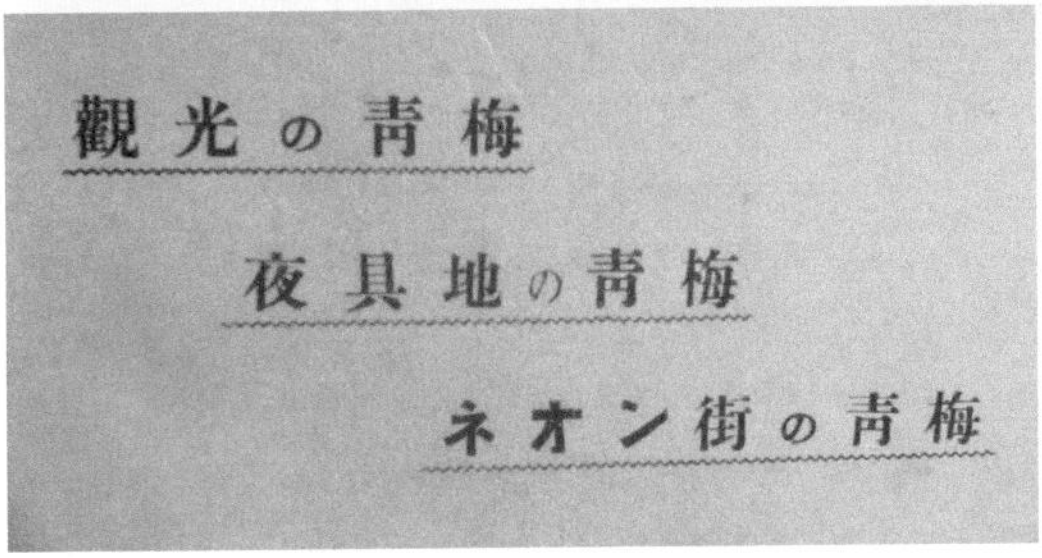

観光の青梅
夜具地の青梅
ネオン街の青梅

1950年に開催された花火大会のプログラムの裏表紙

大会のプログラムの裏表紙には「観光の青梅　夜具地の青梅　ネオン街の青梅」と書いてある。青梅市本町の料亭「千鳥」の広告だ（今はないが昔は相当賑わった店だという）。実に娯楽と産業で賑わう当時を偲ばせるではないか。

なお、青梅織物工業協同組合の建物と隣接するレンガ造りの織物工場跡は、空いたスペースを使い、夜具地や織物の展示、手作り工房、レストラン、フリースペースなどになっており、アーチストの育成、インキュベーション、作品展示などに使われている。

また、青梅街道から多摩川に少しくだった坂の上に、津雲邸がある。これは青梅出身の政治家・津雲國利が

昭和の看板建築や映画広告が街を彩る

かつての青梅大映（出典：青梅市制5周年記念誌、1956年）

一九三一（昭和六）年から一九三四（昭和九）年にかけて建造したもので、京都の宮大工を招き青梅の大工、石工、畳職など諸職との協働により建築された瓦葺入母屋造、押縁下見板張、一部漆喰塗の建物だという。純和風建築でありながら縁側との仕切りにガラス戸を用いるなど近代的な要素を持ち、また欄間や天井など随所に職人が技巧を凝らした装飾を持つ贅を尽くした建築物として評価されている。津雲邸には昭和初期から戦後にかけて多くの政府高官や著名人が訪れた。

映画とレトロと雪おんな

映画館は、青梅街道周辺に、昭和の全盛期に、青梅キネマ、青梅大映、青梅セントラルがあった。

そうした時代を懐かしむ意味もあり、青梅街道を「銀幕街道」（今は「シネマチックロード」と呼ばれている）

と名付け、「ぶらり青梅宿・昭和を楽しむ三館めぐり」が提案されている。この「三館」は映画館ではなく、「昭和レトロ商品博物館」（名誉館長は串間努）「青梅赤塚不二夫会館」「昭和幻燈館」である。

シネマチックロードを中心に青梅には、冒頭に述べた、昔の映画の手描き看板がいたるところに掲げられている。これはもはや青梅名物と言える。

また、昭和レトロ商品博物館にあるのは、昭和三〇〜四〇年代のお菓子や薬などの商品パッケージ、おもちゃ、ポスターなどが展示され、赤塚不二夫会館には昭和のギャグマンガ王、赤塚不二夫の絵や写真が、幻燈館には、当初は青梅ゆかりの鉄道コレクションを展示していたが、今は青梅からデビューした創作ユニット「Q工房」の墨絵作家とぬいぐるみ作家の作品が展示されている（なお青梅市と赤塚不二夫には何の縁もない。赤塚不二夫会館をつくりたいと申し出ると、すぐに許諾されたという）。

昭和レトロ商品博物館の二階には雪おんなの展示がある。なぜか。実はラフカディオ・ハーンの『怪談』に出てくる雪おんなは青梅の話だったのだ。古くから青梅に住んでいる人たちでもあまり知らなかったことらしい。だが今は昭和レトロ商品博物館に「雪おんな探偵団」ができて、研究が進んでいるという。

（参考文献）

『青梅歴史物語』青梅市教育委員会、一九八九年
『「青梅織物」青梅縞から青梅夜具地へ』青梅夜具地 夕日色の会、二〇一三年
昭和レトロ商品博物館『雪おんな』クレイン、二〇〇二年

武蔵小杉

将軍の御殿の代わりにタワーマンションが建つ

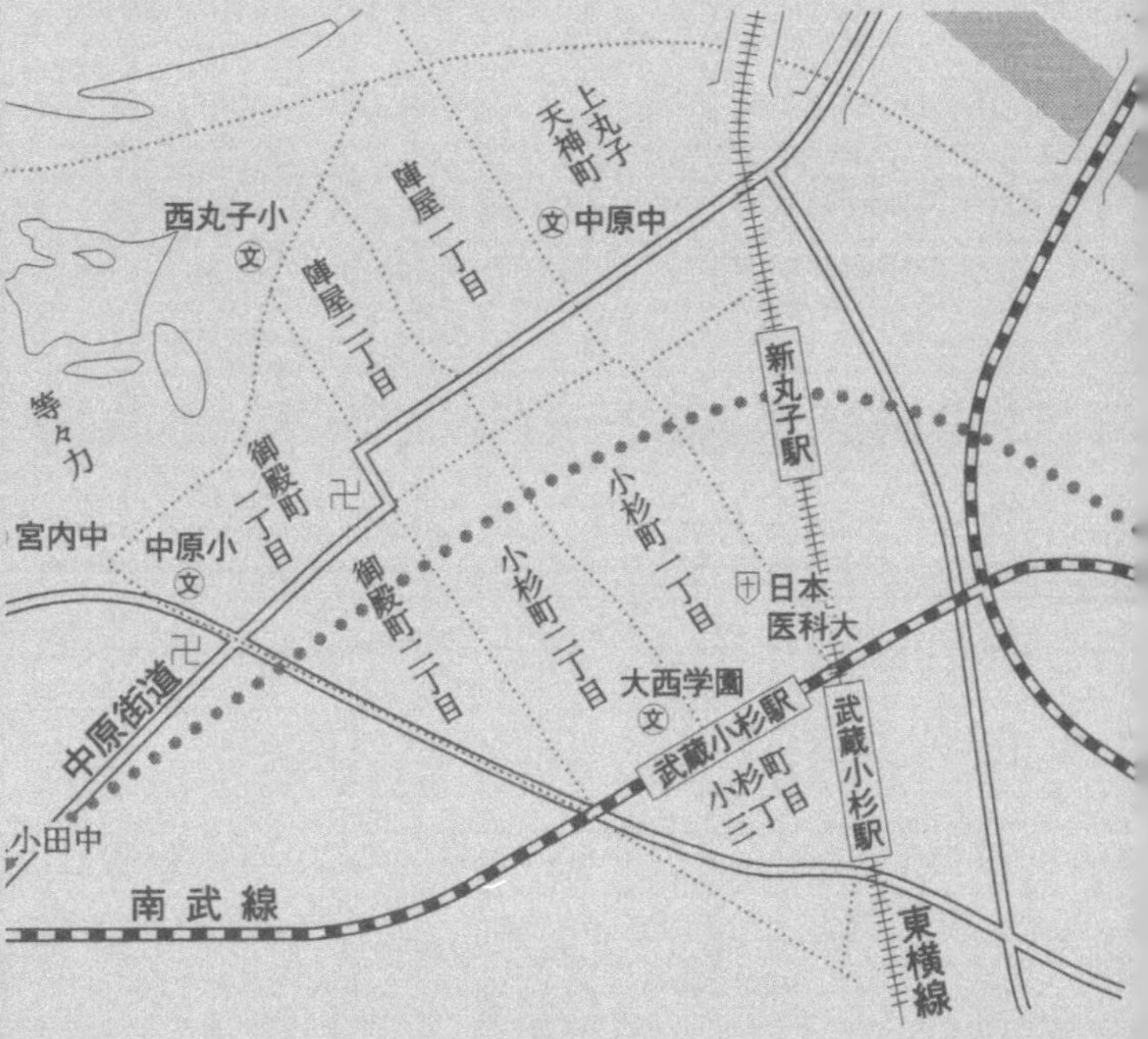

武蔵小杉駅は今と違う場所にあった

武蔵小杉というと現在はタワーマンション街として有名だ。しかし江戸時代は徳川家との関係が深かった。

タワーマンション街になる以前の武蔵小杉は、戦前から工場街だった。横須賀線と南武線は昔は貨物線であり、武蔵小杉、向河原駅周辺は日本電気などの多くの工場や東京銀行や第一生命のグラウンドなどが並んでいた。

東急東横線の武蔵小杉駅は戦前にはなく、今の同駅の南側に駅があり、駅名を「工業都市駅」（一九三九年開業。五三年に武蔵小杉駅に統合されて廃止された）といい、今の駅の北側の南武線（当時は私鉄の南武鉄道）と交わる駅は「グラウンド前駅」（一九二七年開業）といったのである。では武蔵小杉駅はどこだったかというと、南武線の駅として、グラウンド前駅の一つ西の府中街道と交わるあたりにあった。

武蔵小杉駅周辺に住宅地開発が起こったのは、一九二六（大正一五）年、東急が新丸子に住宅地をつくってからである。一九二七（昭和二）年に川崎—登戸間に南武線ができ、二九年に先ほどの第一生命グラウンドができている。三三年には小杉陣屋町にサラリーマン向けの住宅地ができた。この年、東急東横線の渋谷—桜木町間が全線開通、その後、郊外住宅地化が次第に進んだようである。

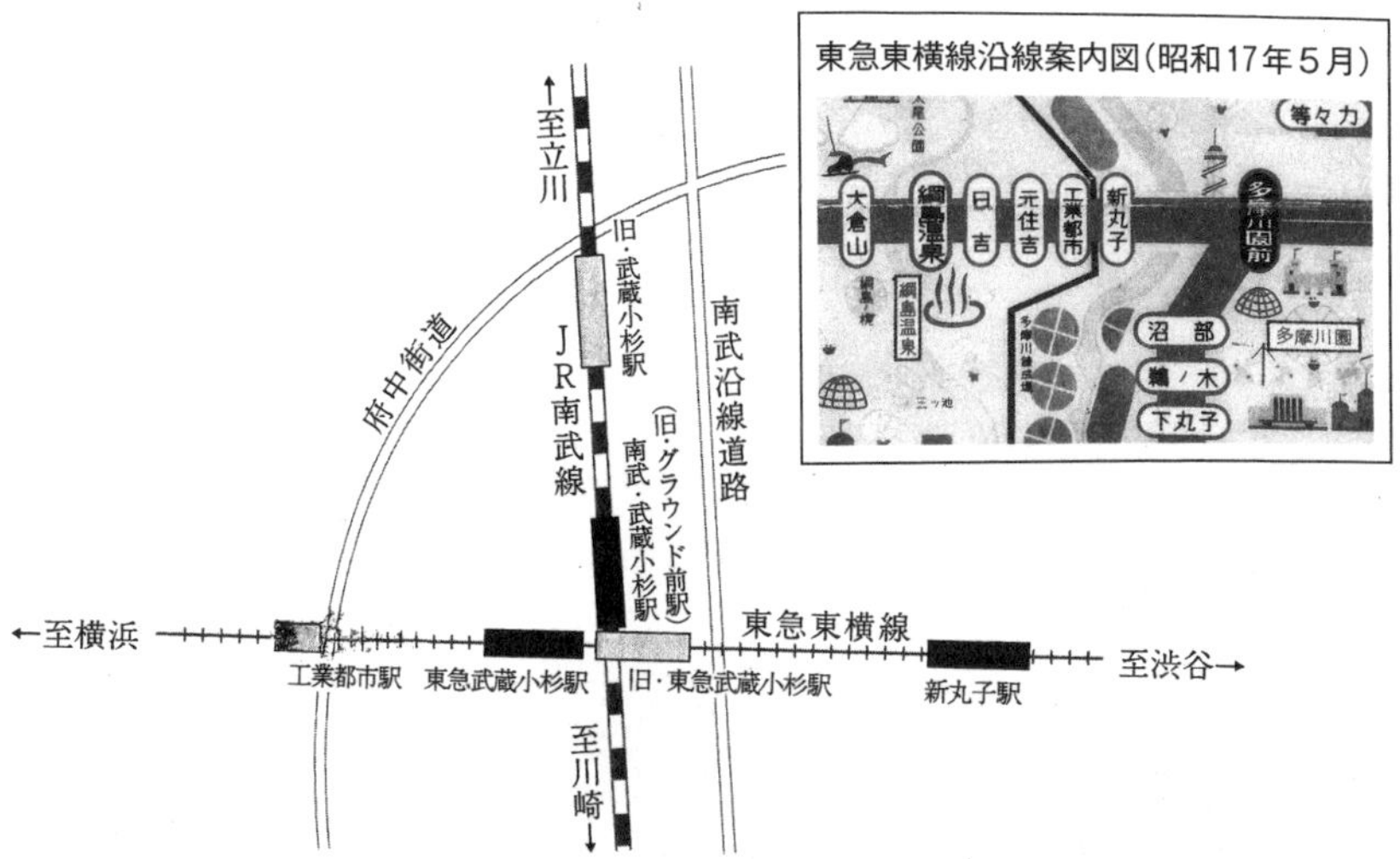

戦前の武蔵小杉周辺
(監修：羽田猛、協力：新小杉開発)

1958年の武蔵小杉駅周辺
(出典：1958(昭和33)年のゼンリン住宅地図を合成し筆者が作成)

武蔵小杉駅周辺にはタワーマンションが立ち並ぶ

小杉陣屋町とはどこかというと、今の武蔵小杉駅からは遠い。戦前の武蔵小杉駅からも同様に遠いが、それには訳がある。本来南武線は向河原駅から新丸子駅を経由して中原街道のすぐ南を通り、武蔵中原駅方面につなげる計画だった。

しかし昔は鉄道が嫌われていた。蒸気機関車からは煙が出て、煤が飛ぶ。ついでに火の粉も飛んできて火事になることもあるからである。

だから、中央線も最初は甲州街道、次に青梅街道の上に路線を敷こうという計画だったが、地元民の反対に遭い、今のコースとなったのである。同様に、南武線も中原街道近くのコースを諦めて、現在のコースとなったのだ。

そのため、府中街道と交わるところが武蔵小杉駅になったのだろうが、本当ならばもっ

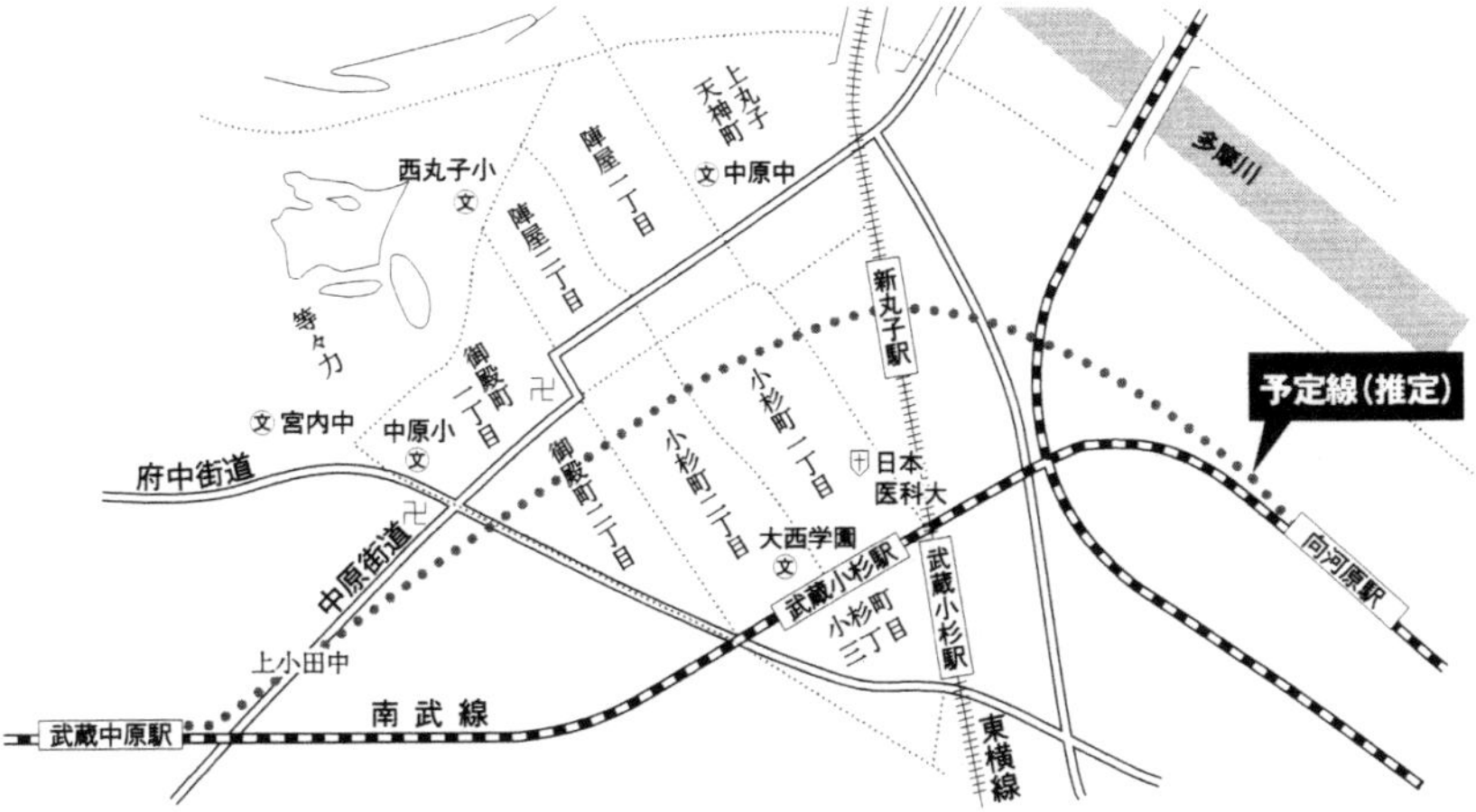

点線が南武線の予定線（推定）。もっと中原街道に近かった
（出典：羽田猛『中原街道と武蔵小杉』2015年、監修：羽田猛、協力：新小杉開発）

と中原街道の近くに駅ができていたはずなのだ。

中原街道の宿場町はロンドン、パリのようだと言われた

ではなぜ中原街道沿いに鉄道を通そうと思ったか。それは中原街道沿いこそが、小杉村の中心だったからに他ならない。

中原街道は江戸と神奈川県の平塚を結んでいるが、江戸時代以降、東海道が整備されるまでは、江戸と関西を結ぶ大動脈の一翼を担っていた。そのため、小杉村は宿場町として栄え、川崎でいちばん活気のある場所だった。

徳川家康以降、歴代の将軍もしばしば鷹狩

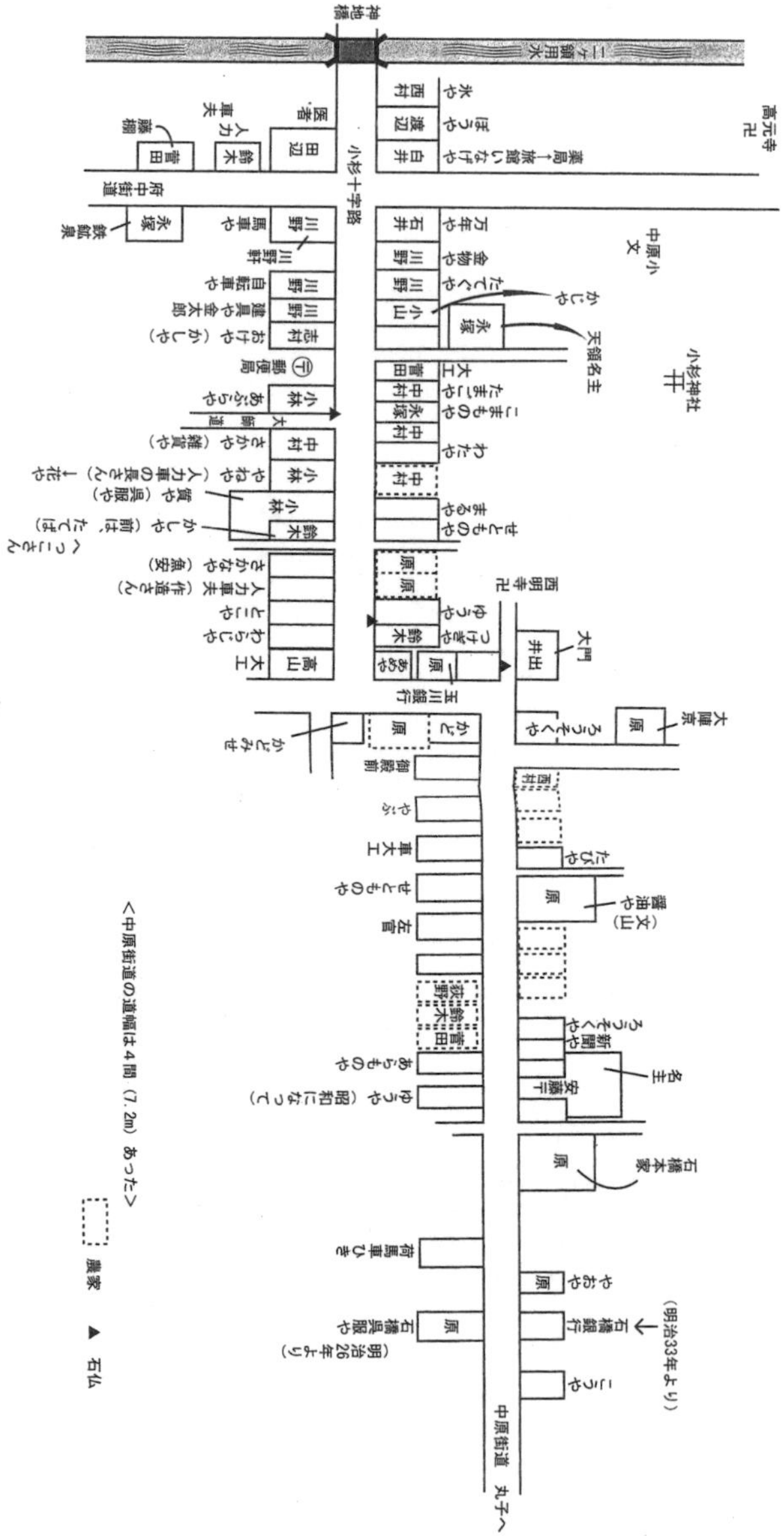

かつての中原街道
（監修：羽田猛、協力：新小杉開発）

りに小杉村を訪れ、西明寺門前に一六〇八（慶長一三）年将軍徳川秀忠により休憩所として御殿がつくられ、小杉御殿と呼ばれた。今も小杉御殿町という町名があるが、中原街道と府中街道が交わる小杉十字路の東側一帯がそれである。宿場として整備されたのは一六七三年、宿駅が整備されてからである。

小杉十字路付近は一九一三（大正二）年に府中街道を溝の口—川崎間を乗り合い馬車が走り、停留所ができるなど、当時は多くの商家、劇場、銀行、宿屋、料理屋などがあり、非常に栄えており、ロンドンかパリかと言われたという。ほんまかいなと思ってしまうが、とにかくそれほどの賑わいだったらしい。

中原村は近郊農村として発達していたが、明治以降は野菜・果物（桃）・花などが丸子の渡しを利用して東京に出荷されていた。帰りは、下肥を搬入したので中原街道は「こやし街道」とも呼ばれた。

上丸子は渡船の集落として発達した。経済の中心は小杉で、明治になると小学校・銀行等が開設され、その後、巡査駐在所・劇場ができて、商店街も形成された。

武蔵中原駅近くの上小田中地区（神地）には、中原村の村役場ができ、近くに毛織物工場・銀行・信用組合などが開設されるなど、小杉地区に続く商店街が形成され、「神地銀座《ごうじぎんざ》」と呼ばれるほど賑わったという。

しかし一九二六（大正一五）年、東急東横線が開通し、一九三五（昭和一〇）年に丸子橋が完成すると、上丸子の都市化が急速に進むことになった。地域の中心は武蔵小杉駅周辺に移動し、

中原街道沿いの名家

中原街道の小杉十字路周辺や沿道は、次第にさびれていった。

古代の歴史跡・橘樹《たちばな》官衙

今は、中原街道沿いのほとんどの商家が中規模マンションに建て替わってしまい、かつての面影はない。それでも名主の安藤家、石橋銀行を経営していた原家、中原銀行を経営していた朝山家の邸宅、また原家による石橋醤油店などが残っている。

また、原家の本家は高級なマンションになっているが、陣屋門などが残されており、往時の繁栄を偲ばせている（徳川幕府直轄の代官の住居であり、将軍家が宿泊のために本陣を構えた陣屋は、現在、川崎市多摩区の生田緑地の日本民家園に移築・保存されている）。

話が横道にそれるが、中原街道は小杉から西進すると現在の川崎市高津区、宮前区、横浜市都筑区を縦貫し平塚の中原宿に至る。中原街道としての整備は徳川幕府が行ったが、その道は一五九〇（天正一八）年に徳川家康が江戸入りした際も利用したと言われ、もともとは古代からある古道である。

古道らしく、高津区には国指定遺跡である橘樹官衙《たちばなかんが》遺跡群、橘樹郡衙がある。現在の川崎市と横浜市の北部はかつて橘樹郡であったが、その郡の役所などがあった場所である（橘という名前が川崎市内にあるとは私は不勉強で知らなかったが、たしかにこのへんに橘小学校、橘中学校があり、武蔵小杉の南東には橘高校がある)。

その西にあるのが影向寺《ようごうじ》。七世紀の創建で、「関東の正倉院」とも言われる関東地方屈指の古い寺であり、橘樹郡の郡寺だったと推測されている。

まったく偶然だと思うが、南武線の南には武蔵野貨物線が横浜の鶴見駅から府中本町駅、さらに武蔵野線で西国分寺を通過して走っている。その線路のほぼ真上に橘樹郡の遺跡があり、それが武蔵国の国府・府中や国分寺のあった場所につながっているのだ。郡衙と国府も古代はなんらかの道でつながっていたはずだから、面白い偶然ではないか。郊外の住宅地とはいえ、住宅地になる前の歴史は長いということを改めて実感させる。

屋形船で鮎を食わせる料理屋やへちま風呂の料亭

話を戻す。新丸子駅の東側は、多摩川べりの歓楽街としても栄えていた。だからか、今も新丸子駅前は、武蔵小杉とはちがって庶民的でほっとする。昭和らしい喫茶店もある。

多摩川には今は当然堤防があるが、一九二〇(大正九)年まではなかった。丸子の渡しの周辺には河原が広がっていて、青木根という九十軒からなる集落がそこにあった。船着き場の横には

橘樹郡衙近くから武蔵小杉駅周辺を望む

松原通という道があり、それに沿って商店が建ち並んでいた。そのなかに「鈴半」という料理屋兼旅館があった。

鈴半は、屋形船を四艘持っており、客を乗せて船を出し、鮎を投網で取って、七輪で焼いて食わせたという。またナマズの蒲焼きも高級料理として有名であり、東京のお金持ちや会社の接待客が訪れたが、地元の人々はほとんど利用できなかったという。

堤防ができると、青木根の集落は西側に移転したが、商売を辞めた店も多かった。そのかわり新しい店ができたが、その一つが丸子園である。

一九二四（大正一三）年にできたもので、三〇〇〇坪の敷地を持っていた。百畳敷きの大広間と大浴場があり、庭には離れが散在していた。

離れにはそれぞれ風呂があり、「へちま風呂」と呼ばれて京浜間に名を知られた。客が着る浴衣がへちま柄であり、みやげには、へちまの形の容器に化粧水を入れたものをくれたからである。

新丸子三業地にあった丸子園の百畳敷きの大広間（出典：羽田猛『中原街道と武蔵小杉』2015年）

中原街道を東京に向かえば五反田であるが、丸子園は、西郊では五反田にあった料亭の松泉閣と双璧であると言われた（松川二郎『全国花街めぐり』）。丸子園の経営者の大竹静忠は裸一貫からスタートし、パン屋を始め、日露戦争後は築地に「大竹製菓工場」を設立。関東大震災後には東京六郷に第二工場を建てた実業家だという。

丸子多摩川の花火大会を始めたのも大竹静忠だった。一九二五（大正一四）年、出身地の三河（愛知県）から三河花火の職人を呼んで始めたのだ。一九二九（昭和四）年から東京急行電鉄に引き継がれ、一九六七（昭和四二）年まで続き、多摩川の夏の風物詩として親しまれた。一九七二（昭和四七）年からは、川崎市が政令指定都市になったことから、川崎市制記念行事となった。現在は、二子橋下流の河川敷で八月に花火の打ち上げが行われている。

丸子園が開店したのと同時期に菊ノ家、もみじなどの料亭。玉屋、鈴半、柏屋、三好屋などの飲食店

へちま風呂（1935年）

へちま風呂で有名だった丸子園の表玄関（1935年）
（出典：4点とも同前）

新丸子三業地（1975年）

丸子多摩大花火大会（1950年）

が開店するなど、店舗が増加し、新丸子には三業地ができた。一九四五（昭和二〇）年の大空襲でほとんどが全焼。戦後復活し一九六〇年頃には最盛期を迎えて二五軒ほどの料亭が営業し、芸者は一〇〇人を数えたというから結構な繁栄ぶりだったのだ。

しかし、丸子園は戦争のため一九四一（昭和一六）年に日本電気（ＮＥＣ）に買収され三代で終わった。日本電気では母屋を独身寮に、離れを家族寮として活用したが、一九六八（昭和四三）年、鉄筋のビルに建て替えた。平成に入ってからは売却され、駐車場や一四階建ての高層マンション等に変わったという。

歴史的景観は街の資源

小杉陣屋町、小杉御殿町では二〇〇七（平成一九）年から、地元有志が地域の歴史をテーマとした研究会を結成し、街歩きやワークショップなどを重ね、地区の将来のあり方について検討を行い、街並みづくりを行ってきた。そこで、現在行われている中原街道の道路整備を新たな街並み創出の機会と捉え、二〇一一年に「川崎市都市景観条例」に基づく「都市景観形成地区」の指定を受け、一三年に景観形成の方針・基準を定めた。

今後はこれに基づき、建築の色彩に一定の制限を設け、外壁には、木、石、土等の自然素材を積極的に使用することにより、落ち着いた深みのある雰囲気を作ることを推奨する、特に低層部は、中原街道の歴史的建造物等に見られる「漆喰の白」「石の灰色」「土壁の黄土色」「木の焦げ茶色」「瓦の鼠色」の中からテーマ色を選定し、基調色とテーマ色を組み合わせて伝統的な軸組工法を想起させる配色を行うことにより街並みを整えることを推奨するという。

その他にも、照明、広告、緑化、自動販売機などにも基準を設けて、総合的に良好な都市景観をつくり出す計画だ（川崎市『中原街道　都市景観形成地区　景観形成方針・基準』より）。

人口減少が予測される将来には、住む場所の整備だけでなく、娯楽の場所、自然の豊かさ、そして歴史的街並みなどにより観光客が誘致できることも郊外の将来の発展に大きく関わる。タワーマンション街によって工場街のイメージを一新した武蔵小杉に、歴史を踏まえた街並みができれば、まさに鬼に金棒であろう。

（参考文献）
羽田猛『中原街道と武蔵小杉』二〇一五年
新小杉開発株式会社ホームページ「歴史資料館」

柏

競馬場とゴルフ場で〃宝塚〃をつくりたかった

宝塚を柏につくるという野望

柏というと規模としては東京郊外を代表する街の一つである。その柏に競馬場があったと聞いたら驚かないだろうか。一九二八（昭和三）年に柏競馬場が創設され、一九三八年まで競馬を開催したのである。

競馬を始めたのは柏市域の田中村花野井の大地主の吉田家の吉田甚左右衛門である。東京からも近いという立地を生かし、競馬場とゴルフ場をつくれば多くの人が柏町に来るだろう、それに合わせて商業、サービス業を発展させようと考えたのである。

千葉県で競馬といえば松戸競馬場が一九〇七（明治四〇）年から一九一九（大正八）年まで存在した。現在の松戸駅の東側の丘陵地帯、聖徳大学や松戸中央公園がある場所に存在した。

一九一九年には松戸競馬場は陸軍に接収されて陸軍工兵学校敷地となり、松戸競馬倶楽部は千葉県中山村に競馬場を移転し中山競馬倶楽部と改名し、旧中山競馬場を経営していた。

にもかかわらず柏にも競馬場をつくろうとしたのだ。

柏市域にはもともと花見の名所もあり、手賀沼などではレジャーとしての漁も盛んであり、東京から多くの行楽客がおとずれていた。吉田は、ここに競馬場をつくり、競馬場の中央部と東側の合計二〇万㎡をゴルフ場として、乗馬練習場も設置、その他に、弓道場、テニスコート、娯楽館を設置し、この一帯を「関東の宝塚」にしようと新聞記事で発表したのである。当時関西では

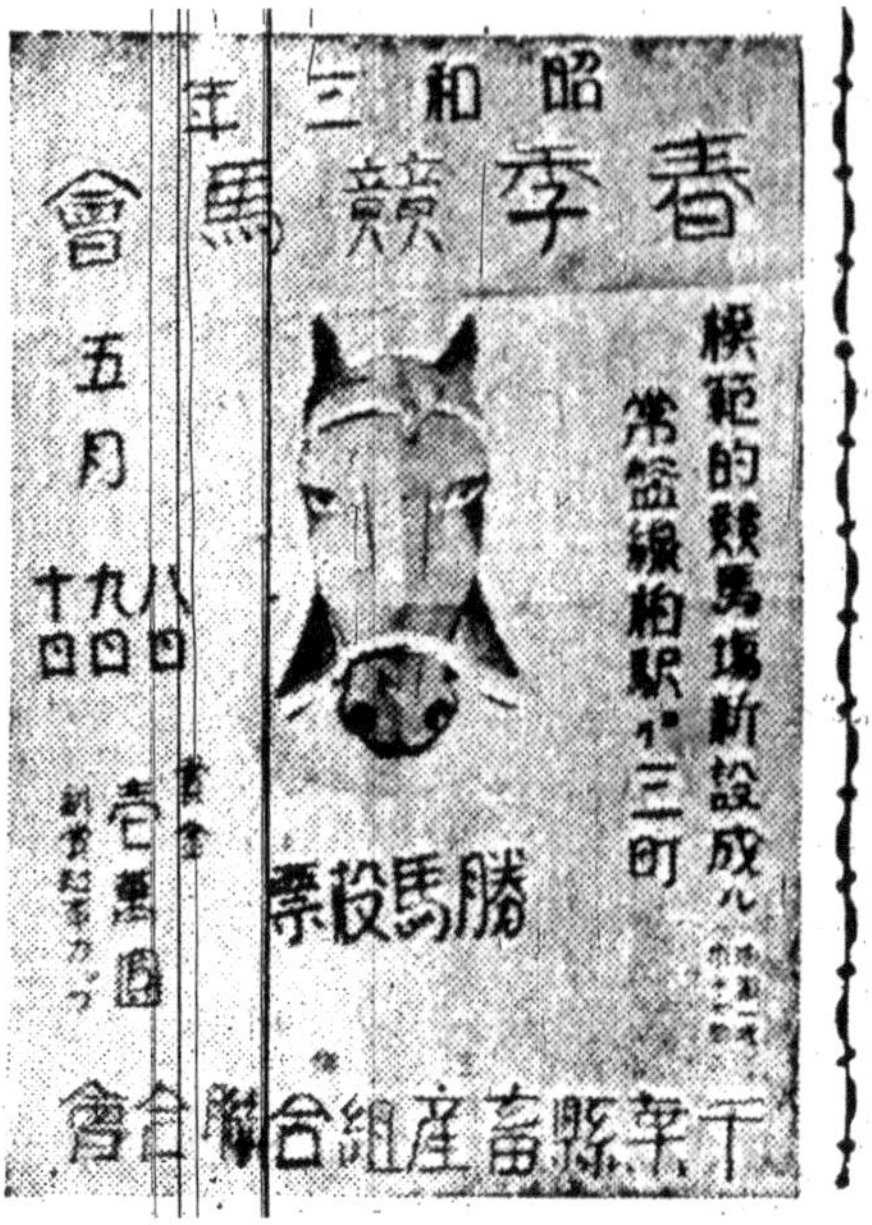

柏の競馬近づく
十萬枚のビラを貼つて大宣傳

賞金一萬圓、副賞知事カップといふ大きなふれこみをした縣畜産組合聯合會の春期競馬大會はこの八日から三日間柏町の新設馬場において擧行すべく一切の手順を定めすでに出場申込み八十余頭

例のない周囲十七マイルのもので觀覽席のスタンド、外枠、内枠も出來、たゞ大會を待つばかりとなつたしかもこの秋の大會までにはさらに立派なスタンドを設けその下に食堂をも設けるなど

今見るとなかなかキッチュな競馬開催の宣伝ビラ
(『東京日日新聞』千葉版1928年5月2日)

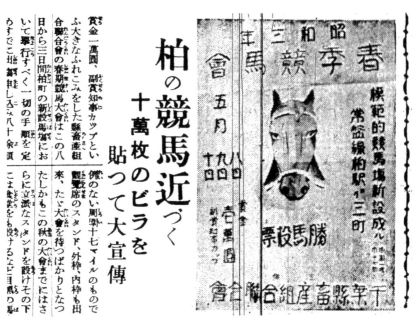

宝塚はもちろん、西宮市の鳴尾競馬場が実績を納めていたことに刺激を受けたらしい。そして実際吉田は宝塚に行き、宝塚歌劇場の食堂のメニューと価格を調べてメモに残している。

また、当時の柏地域は農村の人口が減少していた。市川方面では関東大震災後の都心からの人口流入により人口が五年間で八割増加していた。このままでは村が滅びるという危機感もあったようだ。

東京から観光客を誘致

現在豊四季団地のある場所に完成した競馬場は、土地を千葉県畜産連合会から借りたもので、幅三〇m、一周が一六〇〇m、総面積二八万㎡、当時の公営競馬場としては関東一の規模を誇る本格的なものであり、この時代のよくある言い方として「東洋一の競馬場」とも言われたのである。競馬のない日は競馬場を東京市内の小学校や青年団、運動団体に無料開放した。それも柏ファンをつくって観光客を誘致しようということであったに違いない。また競馬で得た利益を地域の教育や土木工事などに使おうという意図もあった。

ゴルフ場のほうは一九二九（昭和四）年に開業した。吉田がゴルフ場経営に乗り出した理由は、競馬場の計画中にある人にゴルフ場をやってみないかと勧められたからだという。競馬とゴ

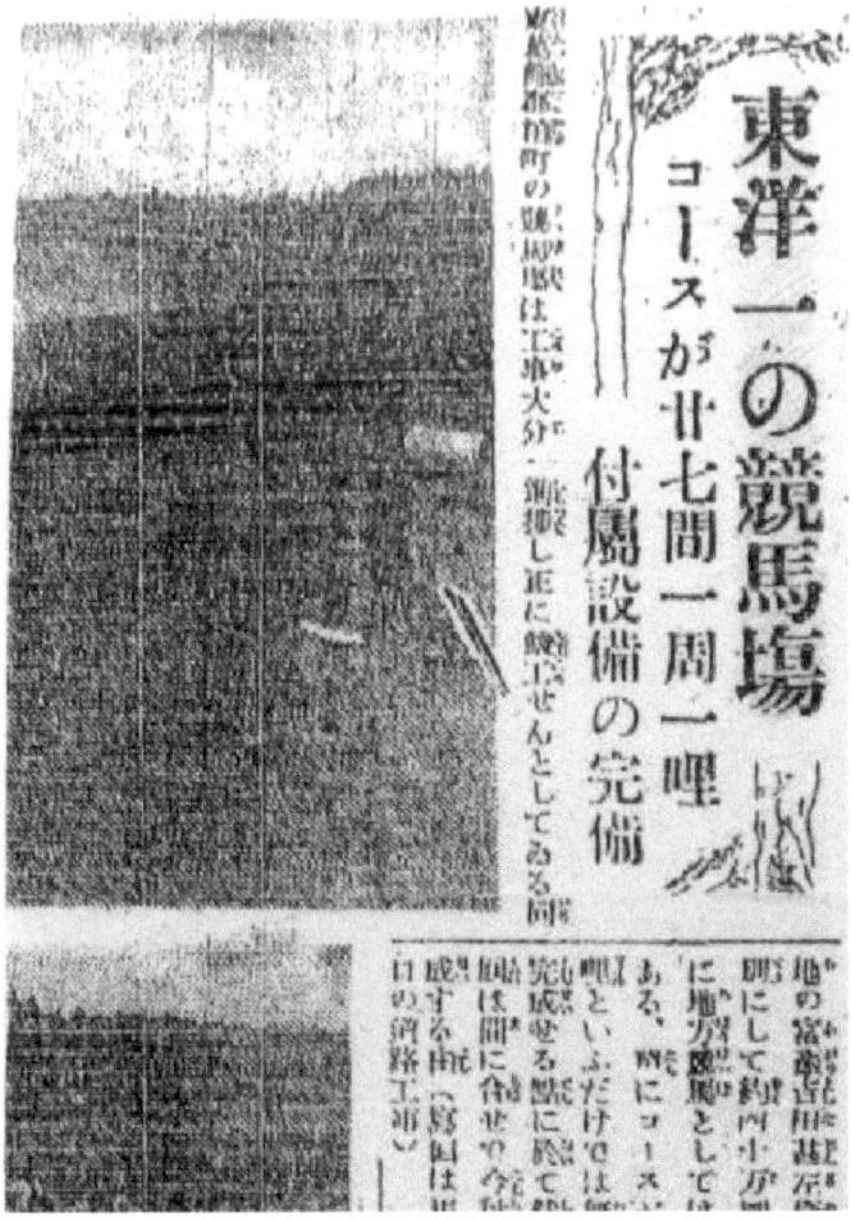
東洋一の競馬場
コースが廿七間一周一哩
付属設備の完備

競馬場建設構想を告げる当時の新聞
（出典：『読売新聞』千葉版、1928年5月5日）

ルフがあるなら、他にも娯楽を、ということで話が大きくなり、関東の宝塚構想になったらしい。ゴルフ場の来場者名簿には近衛文麿や岸信介といった政財界の著名人が名を連ねている。

　競馬場ができてみると開催日の三日間には三〇万人が集まった。ところが香取町（佐倉市）にあった九美上競馬場が一九三一（昭和六）年に市川に移転し、市川競馬場として開業した。するといきなり一八万円の入場料売上げを記録し、柏競馬場の一九万円に迫り、一九三三（昭和八）年には年間九六万円あまりとなって、柏の七六万円を大きく凌いだ。さらに一九三四年からは五年連続で売上げが一三〇万円を越え、一〇〇万円から一二六万円ほどだった柏の売上げを上回った。

そこで柏競馬場は、市川競馬場にはなかった大きな観覧場を設けた。コースも芝にしようとしたが、芝のほうは技術的に難しく実現しなかった。

また一九三三年には近隣の若い女性を動員して華やいだ雰囲気を演出した。鉄道も、総武鉄道柏―豊四季間に新駅として「柏競馬場前停留場」を設置した。競馬開催日の四日間には上野から柏まで臨時直通運転を実施した。通常上野から松戸で止まっていた列車も柏まで延長して運転させるなど観客の誘致に力を入れた。

だがこうした過剰な投資のために柏競馬場は黒字を出さなかった。その後戦争の激化で柏か市川の競馬場のいずれかを中止とすることを政府から申し渡された。吉田は柏競馬場もゴルフ場も中止することを市川競馬場より先に認めた。

みずから廃止を先に申し出たことで、その後柏競馬場は軍用に使われることになったが、これも一九四二（昭和一七）年に打ち切られ、敷地は場内外のゴルフ場跡地とともに日本光学（現ニコン）の軍需工場となった（戦後復活したが一九五〇年に閉鎖、前述のようにURの団地となった）。

スポーツ好きは柏の伝統か

ところで吉田家は、なんと平安時代からこの地の領主であった相馬氏一門に連なるもので、現

女性を使って競馬場を華やかに盛り上げた
（出典：『柏市史 近代編』柏市教育委員会、2000年）

在四三代目と言われる。

吉田家は江戸時代中頃からは金融や小麦など穀物の売買、菜種油等の事業を開始し、地域の特産となる醤油醸造業も一八〇五（文化二）年から手がけるようになった。一九二二（大正一一）年にキッコーマンの野田醤油株式会社に買収されるまで営業を続けた。

また、一八二六（文政九）年には、関東四か所にある幕府直轄の馬の牧の一つ「小金牧」の目付け牧士《もくし》に任命され、以降四代にわたり牧の管理に関わった。だから競馬場をつくる素養はあったのだ。

また、ゴルフだけでなく、登山やスキーなどスポーツの振興にも尽くした。一九七五（昭和五〇）年のウィンブルドン大会、女子ダブルスで優勝し、日本プロスポーツ大賞殊勲賞を受賞した沢松和子は吉田家の現在の当主である。現役引退後、吉田宗弘（現・吉田記念

柏競馬場の様子（出典：同前）

テニス研修センター理事長）と結婚をしたためである。現在は柏市の自宅の敷地で吉田記念テニス研修センターを運営している。このように吉田家は競馬、ゴルフ、テニスなどのスポーツに熱心な家柄なのである。

他にも柏では一九三一（昭和六）年に町民有志からなる野球チーム「柏葉倶楽部」ができるなど五チームがあり野球も盛んだった。一九二〇（大正九）年のオリンピックでは日本のテニスチームが活躍しテニスブームが起こり、一九二二年には柏地域の二つの村で庭球倶楽部ができるほどだった。

今はJリーグの柏レイソルがあるが、こういうスポーツ好きの土壌が昔から育てられてきたのかも知れない。

吉田家の邸宅は、現在「旧吉田家住宅歴史公園」として公開されている。敷地面積六五一八坪（二万一五一一㎡）という広大な

旧吉田家邸宅

土地に、建築面積三三〇坪（一一七八㎡）の豪邸宅が建っている。名主であった吉田家の豪農ぶりが分かるもので、敷地内の八棟（主屋、書院、新座敷、向蔵、新蔵、道具蔵、長屋門、西門）が国重要文化財に指定されている。

二五ｍにもおよぶ長屋門から屋敷内に入ると、茅葺屋根の重厚なつくりの主屋、格調の高い書院、コケに覆われた趣のある庭園や屋敷林がある。

（参考文献）
『柏市史 近代編』柏市教育委員会、二〇〇〇年

大宮・浦和

芝居、遊廓、ヌード劇場もあった宿場町

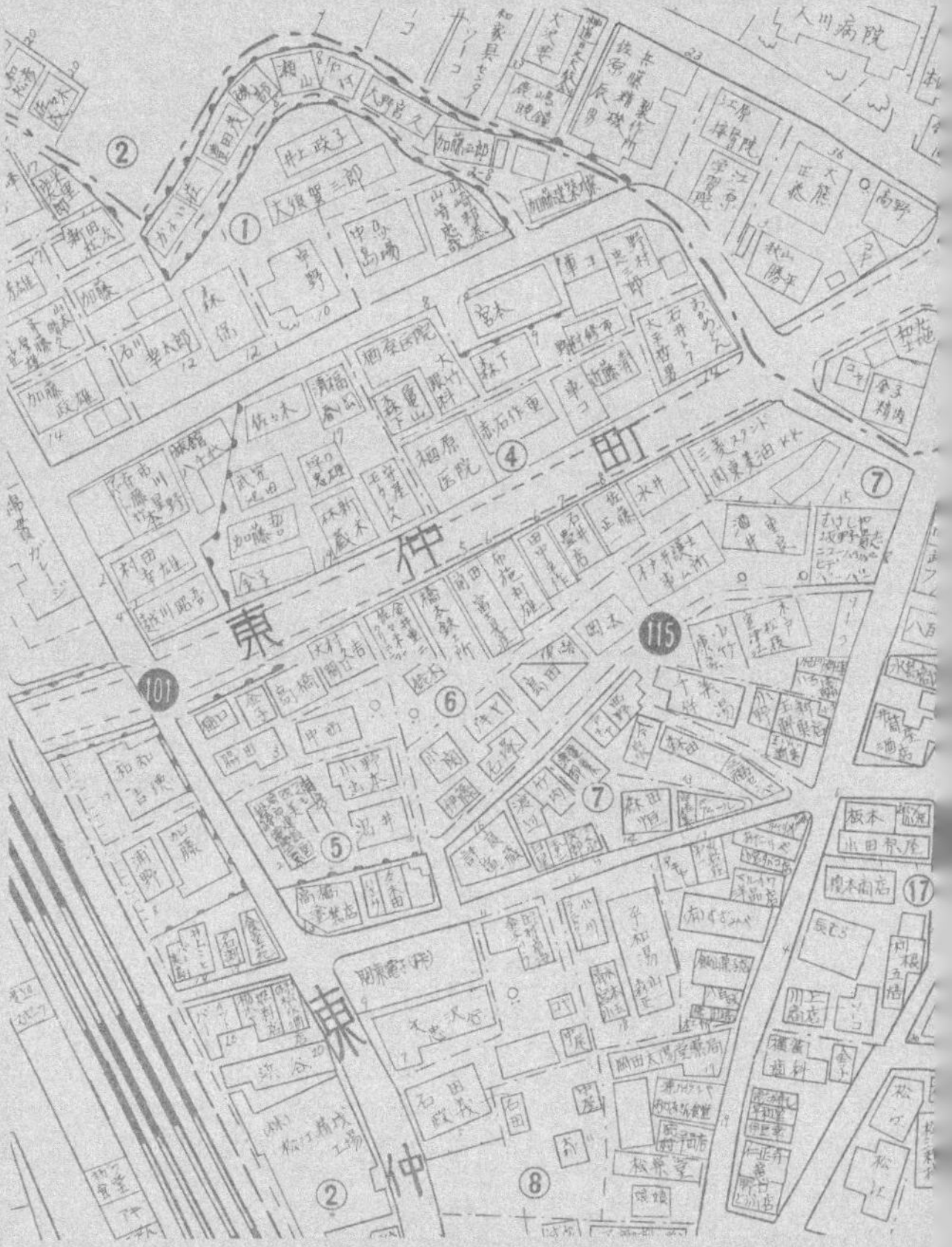

帝都の理想郷

大宮は鉄道の街として知られる。夜の歓楽街も首都圏有数だろう。二〇〇七（平成一九）年には鉄道博物館ができて人気である。

大宮が鉄道の街となったのは一八九四（明治二七）年に日本鉄道株式会社（日鉄、後の国鉄、現・JR）の直営工場ができたためである。

しかし意外なことに上野―熊谷間が鉄道で結ばれたときに浦和、上尾、鴻巣の各駅が開設されたが大宮駅の開設はなかった。その後、東京―宇都宮間の鉄道を開設する際に、分岐駅として大宮がふさわしいという上告書を出すなど、積極的な誘致策により、一八八五（明治一八）年に大宮駅ができたのである。

さらに一九三二（昭和七）年には大宮―赤羽間が電化された。東京―横須賀間に次ぐ電化は大宮町にとって「交通史上輝く一頁」であり、これにより大宮町は「まぎれもなく首都圏の一環にくみ入れられ、東京の『衛星都市』とな」り、同年、大宮の一〇年計画の都市計画「大大宮建設の大綱」がつくられた。

また大宮保勝会は小冊子「電化の大宮と其近郊」を作成し、以下のように書いた。「武蔵国一の宮である官幣大社氷川神社御鎮座の地」である大宮は「天然の風致に富める大公園、綜合運動場、見沼川の蛍狩り、栗拾い、紅葉狩り、キノコ狩り、〈中略〉雪見等」が楽しめる「四季の楽天地」である。「省線電車（現・JR）は上野駅からわずかに三十分。八分ごとに発着し、交通に恵まれた帝都郊外の理想郷」である。「清浄な空気、水質の最も良い、気候、保健衛生等においても好条件の一大住宅地」と大宮の良さをアピールしている（表記は現代風に改めた。「官幣大社」は祈年祭・新嘗祭に国から奉幣を受ける神社の中でも最も格上の神社）。

大宮公園が歓楽街だった！

一八八五（明治一八）年の大宮駅開設は商工業の発展に寄与した。中山道の宿場町であった大宮だが、鉄道の整備によって江戸時代の伝馬制が廃止されると、大宮町の人口は一時的に減少するほどであった。

しかし駅が出来ると、旅館、料理店、運送店、馬車発着所などが駅周辺に出来、各種の問屋も増えた。一九〇〇（明治三三）年には大宮商業銀行ができるなど銀行業も増加した。

観光客も多く、料亭男、待合、その他の風俗営業もにぎわった。一九一〇（明治四三）年には大宮三業組合が設立され、全盛期には置屋三一軒、芸者八五人だった。

また一八八五（明治一八）年開設の氷川公園（現在の大宮公園）も、当初は旅館、料亭などの業者に貸し出されていた。園内には旅館料亭の他、飲食店、玉突場、大弓場、射的場、パノラマ、産物・盆栽類陳列場、動物園、図書館、博物館、美術館があったそうで、遊興の一流どころとしては遊園地ホテル、割烹旅館の万松楼、八重垣、石州楼、三橋亭などがあり、なかでも万松楼は大規模で有名だった。公園というより料亭街のようだったのだ。びっくりである。

この氷川公園の様子は森鷗外「青年」、永井荷風「野心」「歓楽」にも登場する。しかし一九二九（昭和四）年になると、公園内でのこうした営業は廃止された。公園というものが、行楽地から、子どものいる家族のための健康、スポーツのための場所へと整備されていくのである。

遊廓は廃止されたが娯楽の街の歴史は今も

一八九八（明治三一）年には、日鉄工場の跡地に遊廓をつくりたいという「遊廓設置御願」が大宮在住の五人の連名で埼玉県知事に提出されている。

明治以降の県内にはつねづね公娼の遊廓をつくろうという一派がいた。もともと江戸時代の宿場町なので飯盛、宿場女郎などの娼婦がいたが、明治になると公娼廃止運動の影響で、彼女たちは一掃されたのである。

ところが一八七三（明治六）年に遊廓は「貸座敷」と名を変えて復活。埼玉県内でも各地で公娼復活運動が盛んになっていたのだ。だが公娼設置反対勢力が強く反対し、結局大宮に公娼はできなかった。

埼玉県内には一九二〇（大正九）年時点で、酌婦（私娼）が一〇〇五人、「達磨屋」と呼ばれる私娼を置く宿が五〇〇軒以上があり、県内一七〇か所に散在していた。県ではこれを風紀改善、公衆衛生強化、酌婦保護の観点から三二か所の指定地に酌婦を収容した。大宮にもその指定地があり、一九五八（昭和三三）年の売春防止法施行まで存在した。大宮が埼玉県内のみならず関東一円の中でも有数の大規模な歓楽街となっているのは、それが一因である。

また、大宮工場の従業員の互助団体である工友会は、教養娯楽活動にも力を入れ、一九〇九（明治四二）年に「大演芸館」を開館。映画、演劇、研究発表、講演会などの会場となり、一般町民からもよろこばれた。

一九三一（昭和六）年には大宮競馬場ができ、広域から客が押しかけた（競馬場は一九四二年に軍需工場に変わった）。三二年には県営大宮球場ができ、三四年には日米親善野球大会が開催され、ベーブ・ルースやルー・ゲーリックがプレイをした。

このように大宮町はもともとが宿場町という風土の上に、さらに明治以降、商工娯楽が揃った総合的な都市としてますます発展していったのである。一九三四年の地図を見ると、大宮駅周辺に、料理店、タクシー、カフェ、芸妓屋など、華やかなモダン文化が花開いていることがわかる。

歓楽街というと嫌がる人もいるが、さいたま市では大宮の歓楽街を市の重要な資源と考え、従来のダーティなイメージではない、家族で昼も楽しめる街に変えていこうとしているようである。

さいたま市は、横浜市、千葉市と比べると市の中心部にオフィスビルが少ない。そのため今後

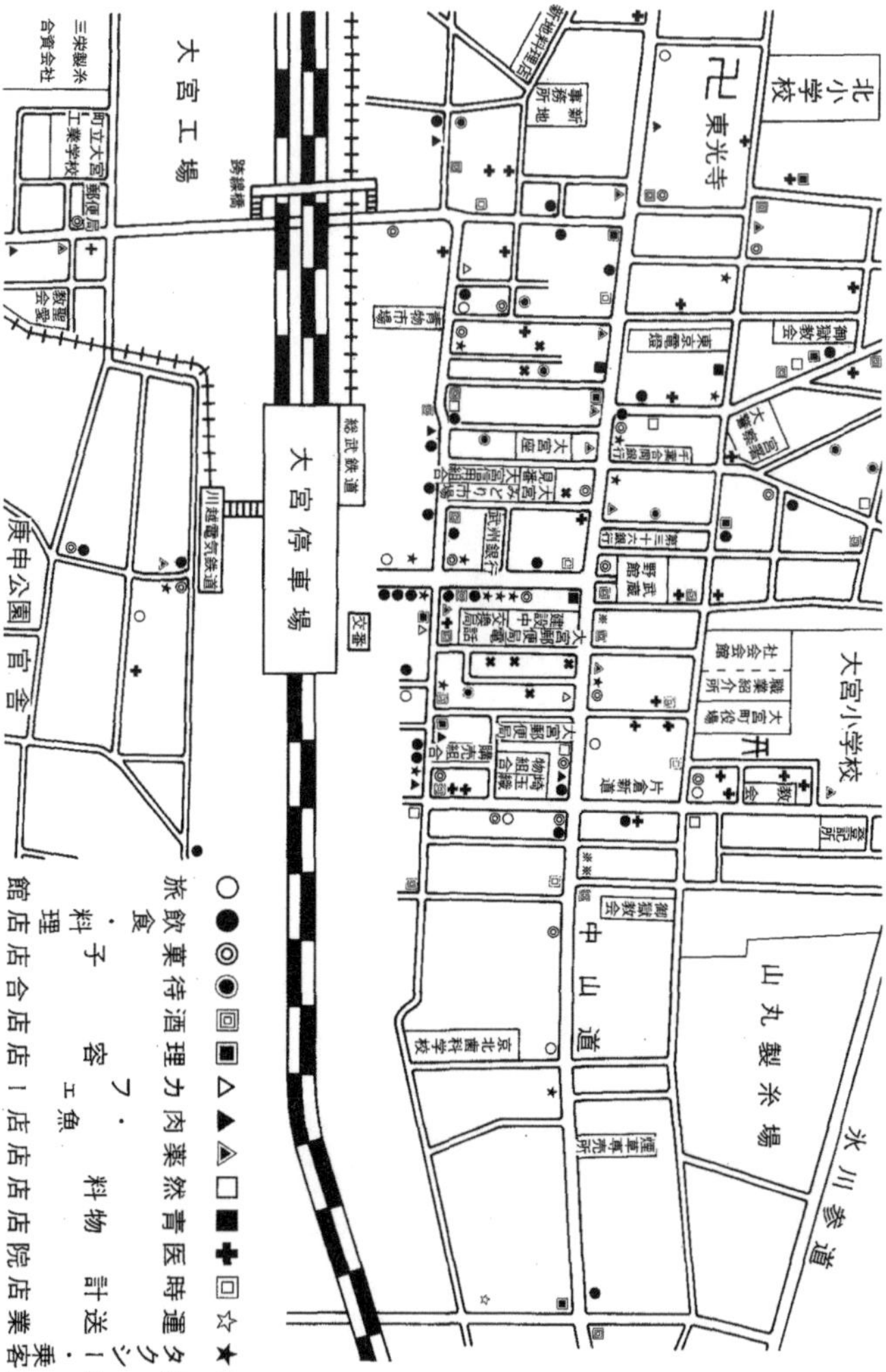

1934（昭和9）年の大宮駅東口。カフェ、待合、芸妓屋がたくさんある
（出典：『大宮市史 第4巻』1982年）

はオフィスビルを増やす計画がある。オフィスワーカーが増えればアフターファイブの娯楽も必要である。オフィスワーカーと言っても最近は女性も多い。そのために大宮駅東口の歓楽街を女性でも楽しめる街に変えていこうとしている。それは今後のまちづくり全体にとって重要な役割を果たすだろう。

なお、大宮の郊外の娯楽を語る上では当然「盆栽村」について書くべきところであるが、盆栽村については拙著『東京田園モダン』に書いたので、本書では割愛した。

パルコの裏手の新開地

大宮のとなり、文教都市浦和も本来は中山道の宿場町だった。明治以来軍隊があったこともあり栄えた。だから娯楽も多い（浦和の文化的側面については前掲『東京田園モダン』にやはり書いたので本書では触れない）。

明治には、浦和駅東口に中野原新開地という色街があった。中野原は東口の今のパルコの裏側一帯を言ったようで、新開地は東口から北に線路沿いに伸びる商店街の東側、延命寺という寺のほうにあった。

一九七三（昭和四八）年の住宅地図を見るとその商店街にはトルコ風呂まである。今はラブホ

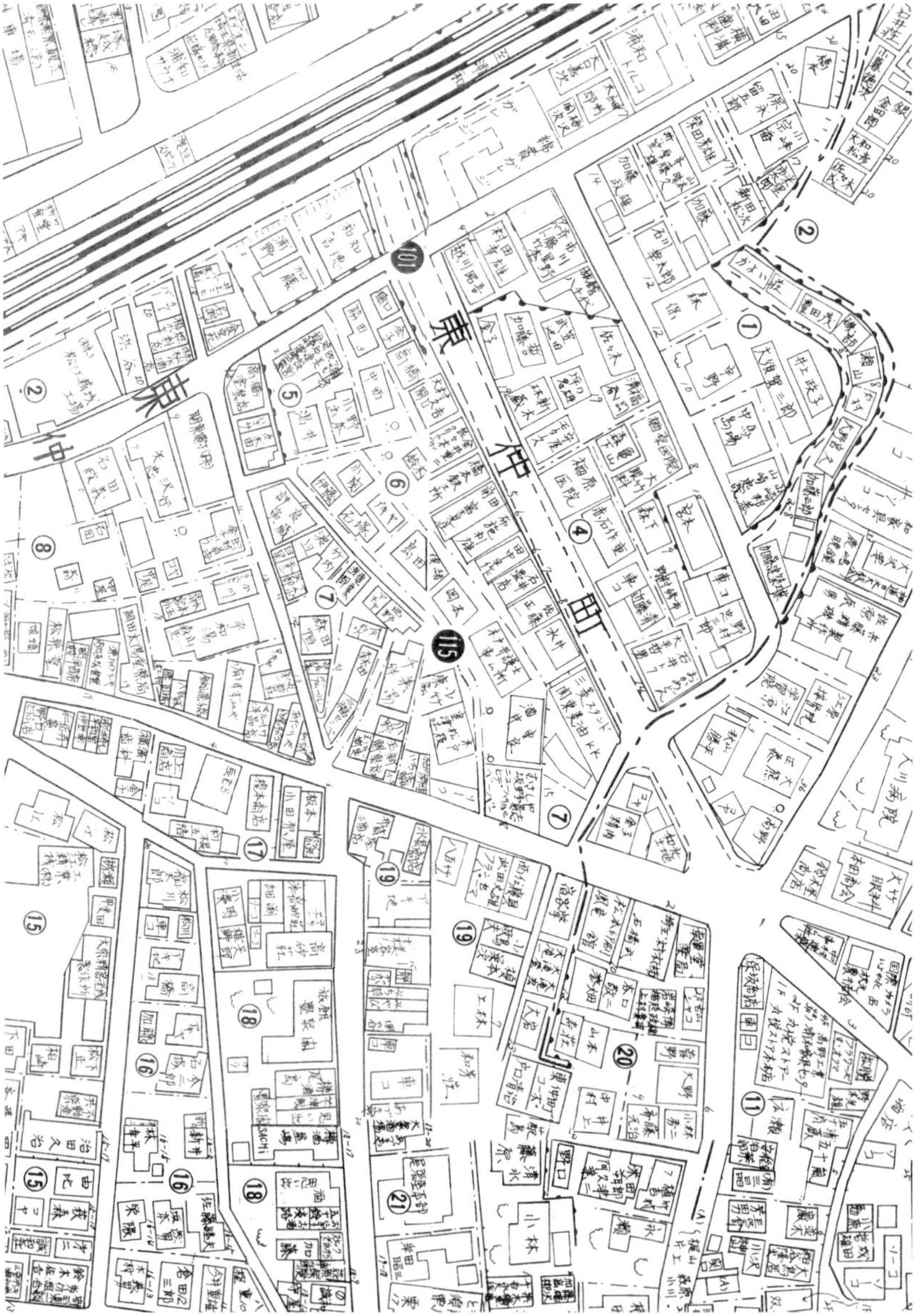

1973年の住宅地図における浦和駅東口北側。浦和トルコは今はラブホテル。右手に旅館やスナックがあるのが新開地の名残り

テルになっている。そこから東に折れると飲み屋が数軒あり、その先が新開地だった。新開地の入口だったと思しき箇所には今もスナックがある。

この新開地は「乙種料理屋」であり、一流ではなかったようだ。高級な「甲種料理屋」は駅西口、旧中山道のほう、特に埼玉県庁の周辺に花街が形成されていた。有名なのは春泉亭。県庁の役人や地元有力者が集まった。その他、はつね、山崎屋などの料亭があった。料理には浦和名物とも言える鰻を出す店が多かった。

明治以来の共楽座と闇市の繁栄

現在のうらわ美術館の場所には、共楽座という演芸場が一九一〇（明治四三）年に作られていた（後に浦和劇場、さらにパレスボウリング、そしてうらわ美術館の入るビルとなった）。共楽座は浦和町の青物協同組合がつくったものである。組合は毎月二、四、七、九の日に市を開き、繁栄していたが、組合員から、浦和が県庁所在地なのに、劇場がないのは他県と比較して恥ずかしいことだと声が上がった。それまでは寺社の境内で芝居小屋がつくられて興行をしていたのである。その他にも星宗座、松澤屋、幸陽館などの集会施設があり、銭湯の二階で興行が開かれたこともあったらしいが、どれも常設の専門演芸場とは言えないものだったらしい。星宗座は

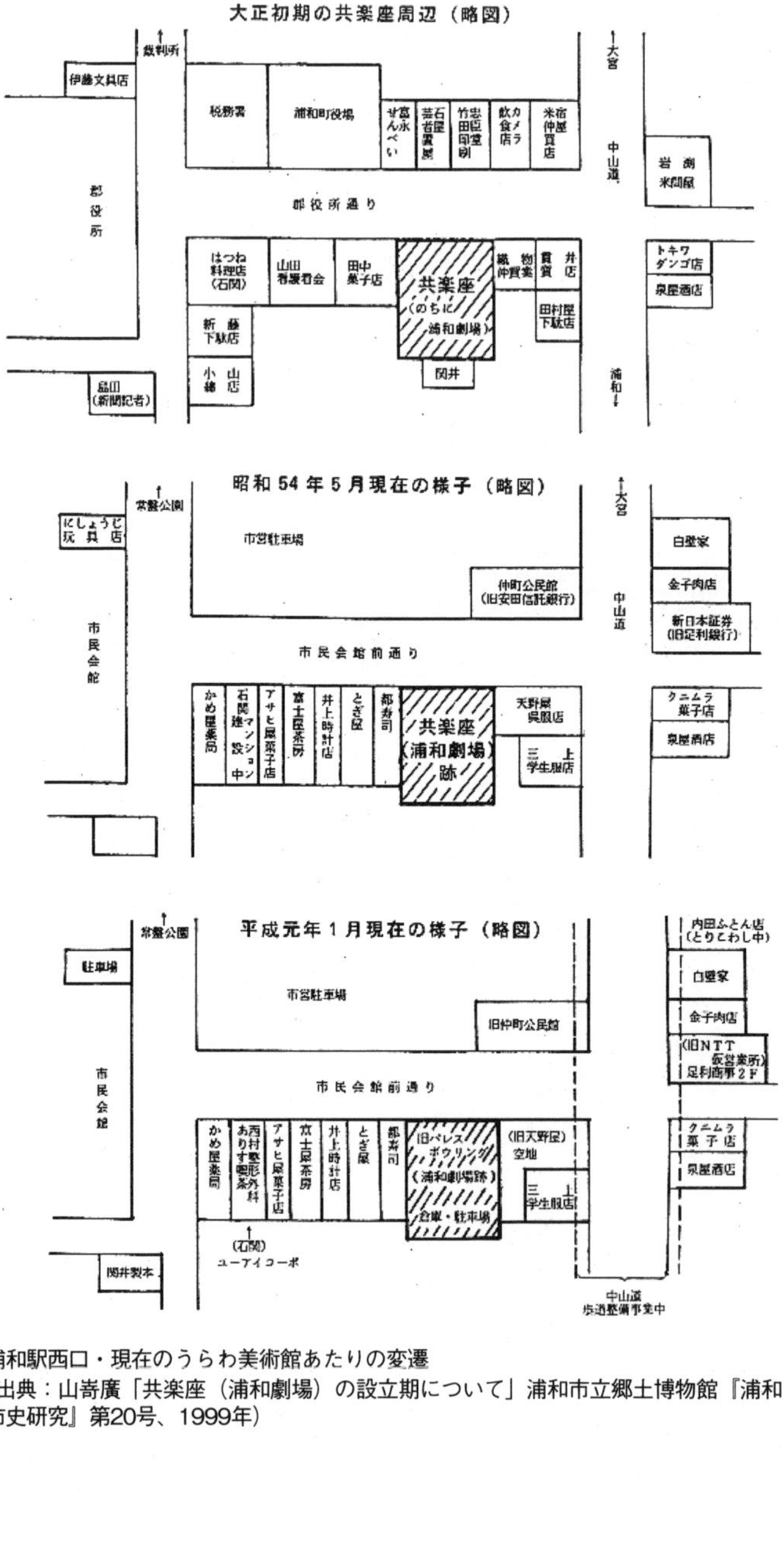

浦和駅西口・現在のうらわ美術館あたりの変遷
（出典：山嵜廣「共楽座（浦和劇場）の設立期について」浦和市立郷土博物館『浦和市史研究』第20号、1999年）

闇市時代の名残りがある1970年代の浦和駅西口
(出典：東京商工会議所『変貌する東京30km圏都市』1973年)

調神社周辺には、昔キャバレーやサウナやヌード劇場もあった

「怪しげな」ものだったという記述も当時の『埼玉新報』にあるほどだ。

そこで青物市場と演劇場を兼ねられるちゃんとした施設をつくったのが共楽座である。共楽座では、落語、講談、義太夫、浪花節、手品などが公演された。

大正初期の地図では、共楽座の浦和町役場がほぼ向かい側にあり、正面が芸者置屋の「石屋」、その間がせんべい屋、共楽座の西隣が菓子屋、さらに西に先述の料理屋のはつね。はつねの西は道を隔てて郡役所であった。なかなか賑わいを感じさせる場所だったと思わせる（『浦和市史研究』第二〇号）。

また、第二次大戦後は、西口の伊勢丹などの大型商業施設のある場所に闇市があった。今もあるアーケード街の「ナカギンザ7」はその名残だ。闇市としてはかなり栄えたらしいが、おそらく戦争中には宿場の商人と軍の

蔵やうなぎ屋は今も多い

間に一種の闇ルートがあったはずであり、それが戦後の闇市の基盤となったのではないかと私は想像する。

一九七二（昭和四七）年頃に東京商工会議所が調査した地図を見ると、西口駅前に喫茶、中華、そば、酒、うどん、ヤキトリ、とんかつ、スナック、のみや、どじょう、バー、すしなどの店が残っていることがわかり、往時を偲ばせる。

トーキー映画に押しかけた

一九二六（昭和元）年には岸町の調神社《つきじんじゃ》（「つきのみや」ともいう）の公園前に調宮劇場ができ、新派劇、喜劇、浪花節などを公演、その後は映画を上映した（一九七三年の住宅地図でも神社の近くに「キャバレー女の世界」「ヌード劇場」「お好み焼き　待合室」「サウナ」の文字が見える)。

共楽座は浦和劇場となり、一九三二(昭和七)年には埼玉県内初のトーキー映画を上映。立錐の余地もないほどの人気を博し、入りきれない人も数百名いたという。東口駅前には高砂館、清水屋横町(現在のなかまち商店街)には松鶴館があり、実演公演をしていた。

それらの劇場の付近には、ビリヤード場、麻雀場も多数あり、繁華街として栄えた。また、浦和駅東口にはダンスホールができており、東京のダンスファンを多く吸引し、ダンスホールを核として地域が活気づき、カフェ、喫茶店も増えたという。現在の上品で文化的な浦和とはちょっと違った時代があったのだ。

(参考文献)
『大宮市史 第四巻 近代編』大宮市、一九八二年
『浦和市史 通史編Ⅲ』浦和市、一九九〇年

所沢・飯能

歌舞伎座があり、関東一の芸者数を誇った

所沢に歌舞伎座があった!

所沢は古代以来の街道の街、一種の宿場町である。鎌倉街道もあり、江戸時代は青梅街道から田無で分岐して所沢道によって江戸ともつながっていた。大宮、浦和のように江戸時代の五大街道である中山道の宿場町ではないから、あまり意識されないが、そうなのだ。

だから、所沢は江戸末期には多くの商人がおり、特にかすり木綿が人気で町の発展の原動力となり、明治三〇年代初期には日本有数のかすり木綿の産地となった。

娯楽関連では、一八七四(明治七)年には名主の倉片東吾が「定席亭」を経営。その後一八七七(明治一〇)年には森田与次郎による、一八七九(明治一二)年には小沢平四郎による別の「定席亭」ができ、芝居、落語、浄瑠璃、曲芸、手品などが行われている。

三好野亭(のちに三好野座)という芝居小屋も上町南裏(警察横丁)にあった。その後倉片東吾が一八八五(明治一八)年に改装し、一〇〇〇人ほど入れる大きな小屋となったが、一八九六(明治二九)年に大雪で倒壊した。当時は小屋の前の坂道を「芝居横丁」と呼んだという。

その間一八九五(明治二八)年には久米川―川越を結ぶ鉄道がつながり、所沢駅もでき、駅前には「小澤屋」「神藤屋」といった待合茶屋が開業したという。

一九〇三(明治三六)年には雛人形問屋「雛忠」の二上忠蔵により「雛沢座」が下仲町(現在の寿町)、江戸街道(銀座通り)の南側の鍋屋横丁崖下につくられた。それが一九一三(大正二)

年に、糸問屋の秋田正太郎によって改装されて「歌舞伎座」と改名した。外観は東京の歌舞伎座を模したそうで、歌舞伎、浪花節、義太夫、常磐津、薩摩琵琶などが上演され、一九〇八（明治四一）年には活動写真の上映も開始した。芝居は月に五、六回、夜間に行われたという。夜の娯楽があったのだ。

歌舞伎座は時代が下ると次第に常設の映画館になっていき、戦後「中央映画劇場」と改名し、一九八二（昭和五七）年の閉館まで市民に親しまれた。

街の裏には有楽町

また、御幸町の盃横丁の近くにあった香西与一郎による活動写真常設館を、根岸友吉らが買収し、一九二五（大正一四）年には所沢演芸館が設立された。日本活動写真（日活）の映画を中心に毎夜一回、あるいは昼夜二回上映されたという（その後何度か改名し、最後は「日活」として一九七〇（昭和四五）年に閉館。映画館としては他にも今のイオンの場所に所沢東映があったが一九六九年に火災で焼失）。

また一九一九（大正八）年には航空学校（一九二四年に所沢陸軍飛行学校と改称）が設置されると、軍人や所沢織物の業者が遊ぶ場として裏町に所沢町が指定した遊廓街が誕生した。三好亭、

現在の有楽街（上、左・筆者撮影、右・野老澤町造商店　三上博史氏提供）

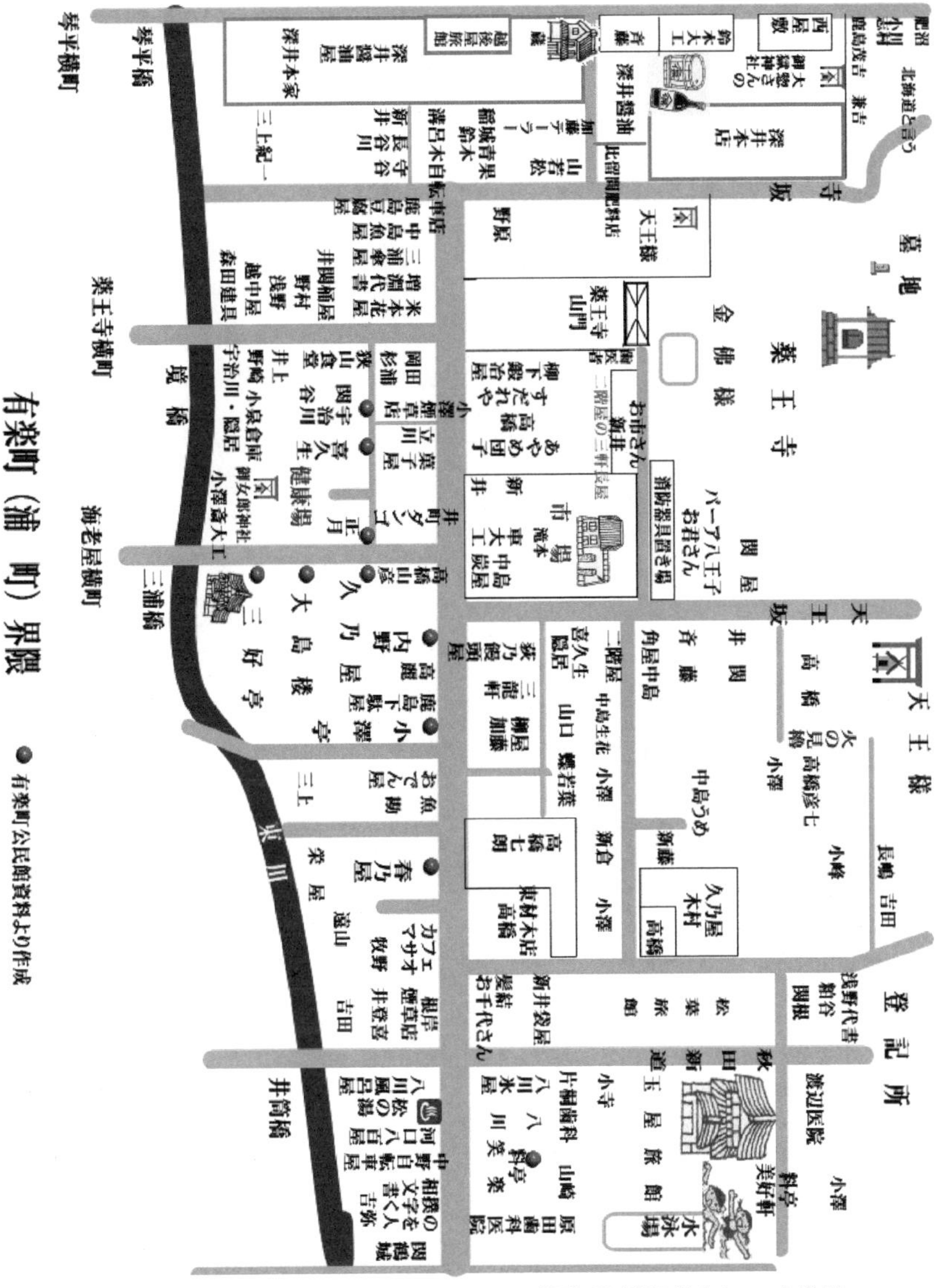

かつての有楽町。料亭、旅館、寿司屋、バーなどが見える（提供:野老澤町造商店　三上博史）

大島楼、久の家、正月亭、宇治川、喜久正、春の屋などの遊廓、あかつき、タイガー、富士、みつわなど二〇軒くらいのカフエーがあったというから今からは想像できない。遊廓街の名前は有楽町。読みは「ゆうらくちょう」だが「有楽」を「うら」と読ませて「裏町」の「うら」にかけている。

所沢町は近隣からの買い物客で賑わい、商人たちは、早番と遅番の二交代制で働いたため、午後や夕方から休みに入る人々は、寄席や演芸場、飲食店などで余暇を過ごしたのだという。昔の街に映画館がいくつかあるのは当然だが、歌舞伎座があるのは珍しい。戦前の所沢にはさまざまな大人の娯楽があったのだ。

このように埼玉県にも江戸時代以来さまざまな娯楽があった。埼玉県というと、野球もサッカーも盛んであり、どちらかというと健康的でスポーツのイメージが強い。だが歴史を振り返ると、けっこう夜の娯楽の歴史も深いのである。

絹織物と木材で栄えた

所沢から西武池袋線で秩父方面に行くと飯能である。江戸時代以来、入間川上流の名栗村から江戸までの材木の流通の拠点でもあった。特に日清、日露戦争や関東大震災で木材の需要が急増

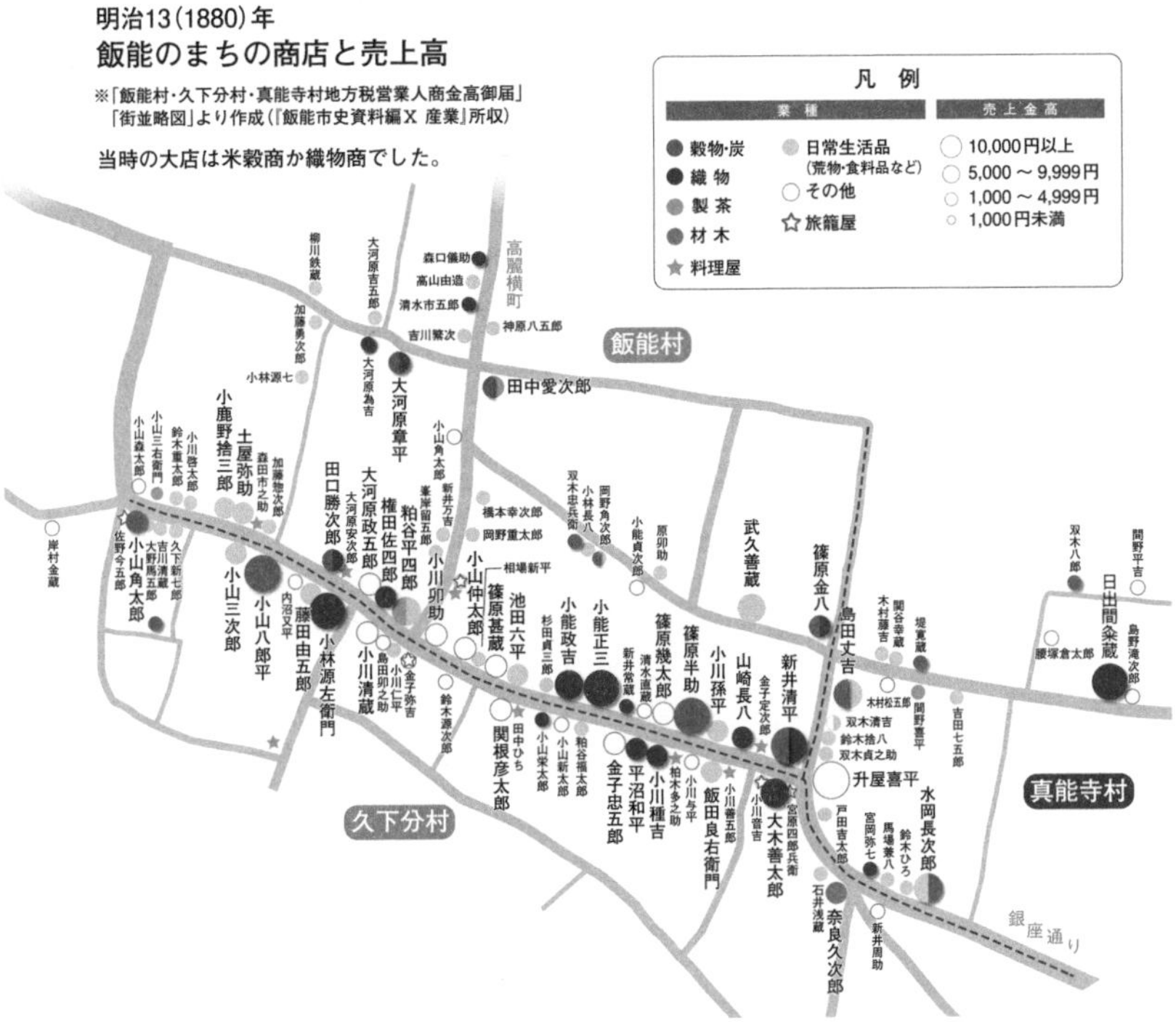

明治の飯能(出典:『飯能市立博物館ガイドブック』飯能市立郷土館提供)

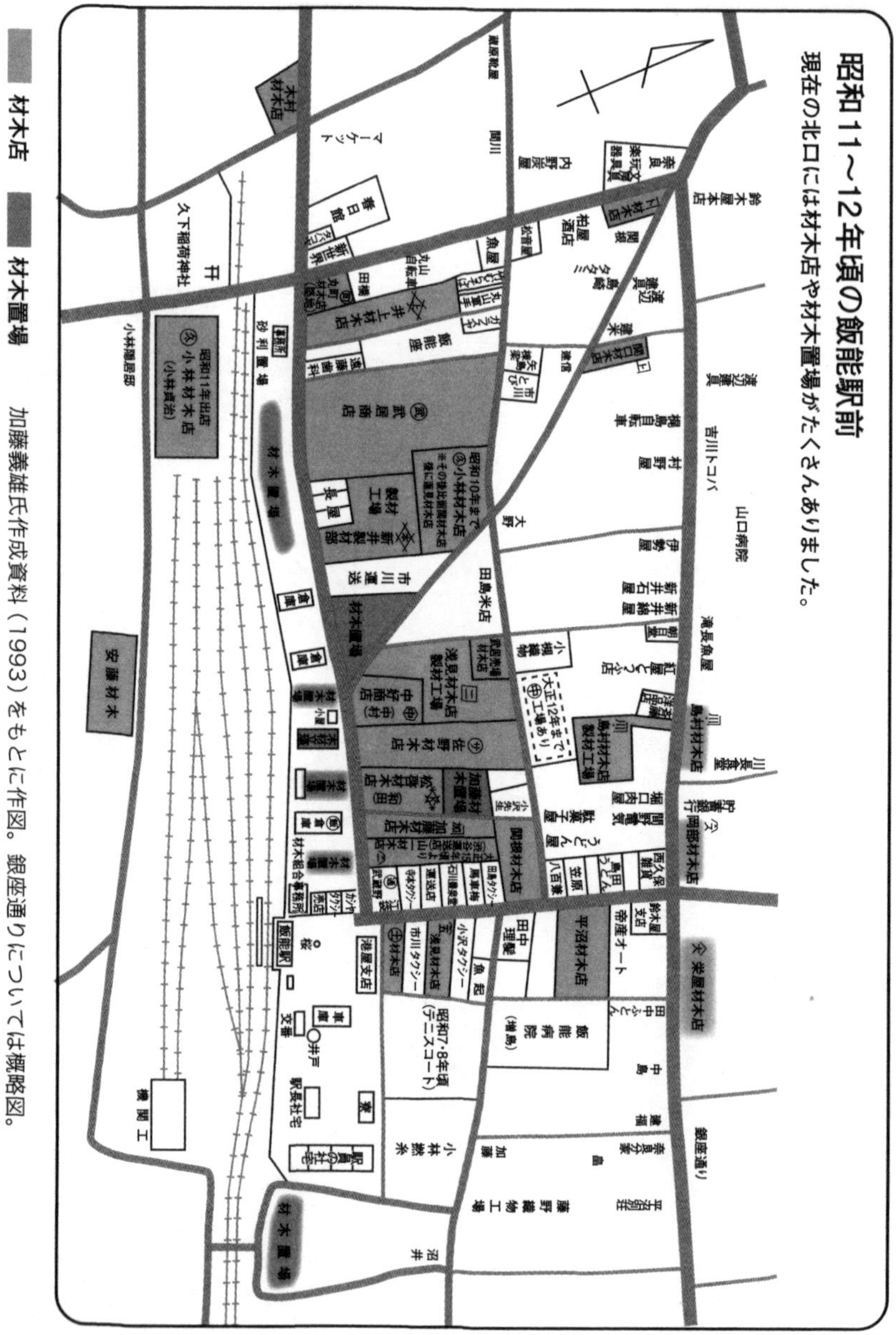

昭和11～12年頃の飯能（出典：同前）

遊廓があった地域は今もスナック街（撮影：Akihiro Sawada）

繁栄の時代を偲ばせる古い旅館、商店、邸宅が多い

すると、大きく栄え、関東一と言われるほど多くの芸者がいたという。

材木は筏《いかだ》に組み、上流から飯能まで下って来る。すると、川幅が広がるので、それまで二本の木で汲んでいた筏を四本あるいは八本に組み直す。

筏はその後川越などを経て五日間かけて北千住を経て深川の木場に運んだのだという。江戸まで行った職人は歩いて帰ったそうだが、深川の辰巳芸者と遊んでから帰ったに違いない。

木場には、上名栗村で代々名主を務めてきた町田家の材木問屋があった。町田家は大規模な山林経営を行い、一七九三（寛政五）年に浅草今戸町に町田屋栄助店を開き、一八二八（文政一一）年には初の深川進出を果たし、「町田屋安助店」を開いたという。昭和初期でも飯能の市街地には材木店など材木関係の店や工場が集まっていた。

このように秩父の山奥と江戸の中心は川で結ばれていた。江戸時代の地図を見ると隅田川が入間川と書かれているものがあるほどだ。入間川による物流は、鉄道が発展するまで続いたのである。

そもそも江戸の語源である武蔵国の江戸氏は秩父平氏の子孫である。詳しい歴史を私は知らないが、江戸時代以前の関東は秩父方面がひとつの大きな中心だったのだ。

また飯能は、一八世紀末から絹織物の産地市場として栄えた。明治以降、全盛期を迎え、商人たちは夜ごと酒宴を楽しんだ。そのため遊廓があり、芸者が数十人いて、関東随一とすら言われたのだ。たしかに今も老舗の料亭やうなぎ屋があり、スナックも数軒あって、往時を偲ばせている。

在りし日の平岡レース事務所棟（飯能市郷土館提供）

遠藤新の建築があった

繊維で栄えた飯能には、街道沿いなどに古い商店がまだ多く、喫茶店として活用されたりしている。少し山のほうに行くと古民家もたくさんあるらしい（浅野正敏他著『わが町の建築遺産』アトリエM5、二〇一七年）。

建築関係でいえば、市内山手町に平岡レースという会社があったが、その本社がフランク・ロイド・ライトの弟子、遠藤新の設計だったという。

平岡レースから事務棟、食堂棟などを含む工場敷地を、一九九九（平成一一）年、飯能市土地開発公社が購入し、建物六棟も市に寄付された。その後、市が建物を調査した結果、遠藤やヴォーリズ設計事務所の設計であることが判明したのだという。

平岡レースの前身は飯能繊維工業株式会社といい、平岡良蔵により市内山手町に一九四八（昭和二三）年に設立された。その前に、一九二九（昭和四）年に良蔵の兄、仙太郎が平仙レース工場を元加治村仏子に設立しており、このレースがよく売れた。しかし仙太郎が没し、その息子が跡を継いだが、良蔵は平仙レースの機械の一部を受け継いで、飯能繊維工業を設立、一九七〇（昭和四五）年に平岡レース株式会社と改名したのだという。

この平岡レースが飯能繊維工業時代に、一九五〇（昭和二五）年に竣工した事務所棟と食堂棟が遠藤新の設計である。しかも一九六五(昭和四〇)年には更衣室を増築しているが、これもヴォーリズ建築事務所の設計というから、飯能繊維工業は随分と建築好きだったのだ。

ではなぜ平岡レースが遠藤に設計を依頼したのか。実は平岡良蔵の娘は遠藤新が設計した自由学園（一七八頁）に通っていたという。当然自由学園を良蔵も見ただろう。あるいはそもそも自由学園を知っていたから娘を通わせたのか。とにかく自由学園のような雰囲気で本社をつくりたかったのであろう。

また、一九五〇年頃の飯能は文化的な活動が盛んだったという。『文化新聞』という新聞が発行されて、詩人・蔵原伸二郎のもとに集まった有志が『飯能文化』（後の「武蔵文化」）、『雑草』などの雑誌を出していた。そういう文化的な雰囲気が遠藤に設計を頼む土壌になっていたかも知れない。

平岡レースの建築を保存する案も検討されたが、保存は困難という結論になり、建物を丁寧に解体しつつ調査を行い、記録を残し、再建をする場合に必要な部材を保存することとなった。敷地は現在、飯能市図書館と保育園になっている。文化的な土地柄にふさわしい。

日清紡の創設者

平岡良蔵と名前が似ているが平沼専蔵という人物がいた。平岡レースと同じ山手町出身。一八三六（天保七）年の生まれである。

平沼は日清紡の創設者である。彼の家は「鍋安屋」というガラス装飾品の問屋だったが、家は貧しく、専蔵は母方の家に預けられて養育された。

二〇歳になると専蔵は日本橋の燃料商に奉公した。よく働き、短期間に小金を貯め込み、奉公人でありながら、近辺への金貸しを始めて儲けた。儲けた金で品川の色街で遊び、遊女と恋に落ち、酒におぼれ、女には振られ、逆に莫大な借金を抱えた。

しかし専蔵を見こんでいた料亭の女将が、もっと地道に生きろと諭した。専蔵は酒と色を断ち、ふたたび蓄財に邁進。だが奉公人では限界があると考え、横浜に出て海産物問屋の明石屋商店で働きながら独立の機を待った。

一八七八（明治一一）年、生糸取引の芝や清五郎の経営が行き詰まっていると聞き、専蔵は芝屋の繊維事業を継承。石炭、石油、木炭などの燃料販売も手がけると、どれも大当たり。三〇歳を過ぎても結婚もせずに金儲けに邁進した（横山源之助の『明治富豪史』にも平沼の名がある）。だが再び件の女将が専蔵に「金儲けだけが人生じゃない。内助の功となる嫁をもらいなさい」と忠告され、女将の娘だったと言われる女性と結婚した。

するとますます事業がうまくいく。一九〇七（明治四〇）年に日清紡を設立。平沼銀行（のちの横浜銀行）も設立し、横浜株式米国取引所、織物取引所の理事長に就任。政界では、横浜市議会議員、神奈川県議会議員、さらに貴族院議員、衆議院議員と出世街道を上り詰めたという。

金貸しとしての借金の取り立ては厳しく、華族階級から美術品、土地などを容赦なく取り上げ、紡績工場経営者としては労働者を低賃金で働かせたという専蔵だが、社会事業にも目覚めた。横浜市内の国宝級の文献が「東の正倉院」と言われる金沢文庫に納められているが、建物の痛みがひどいというので、伊藤博文の勧めで、専蔵が資金を提供し、文庫を現在地に移築した。早稲田大学の開学に伴い、最初の巨額寄付をしたのも専蔵だった。

貧困家庭の子どものために授業料無料の「平沼学校」も設立した。しかし貧困家庭の子どもは仕事に忙しく学校に来られない。そのことは貧困家庭に生まれた専蔵はよく知っていた。そこで学問の必要性を親に説くところから始め、次第に児童を増加させたという。

出身地にも恩返しをした。飯能に鉄道を敷こうという運動が明治時代後半に盛んになったが、専蔵も参加、武蔵野軽便鉄道株式会社を設立、初代社長となったほか、青梅鉄道、甲武鉄道の開設にも巨額を出資した。東京郊外も、かつては一地方であり、「坂の上の雲」を目指す人々がたくさんいたのだ。

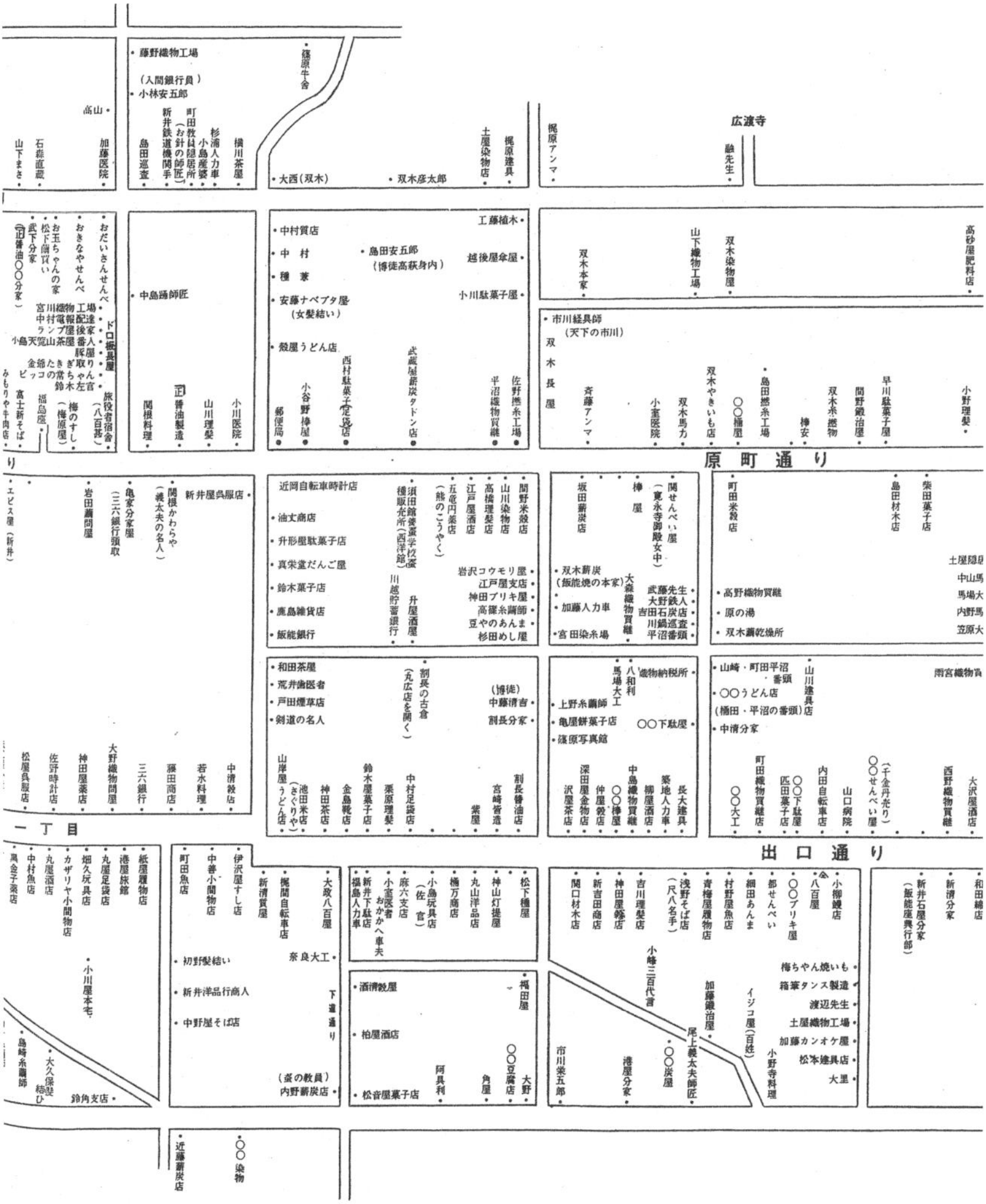

大正4年頃の飯能町市街地略図（出典：『飯能なんでも大全集』飯能青年会議所）

一九一五（大正四）年、池袋から飯能まで鉄道が開通した。しかし専蔵は開通を見届けることなく一九一三年に没したという。

（参考文献）

『所沢市史下』所沢市、一九九二年
飯能市郷土館『旧平岡レース（株）事務所棟・食堂棟調査報告書』二〇一二年
埼玉県西部地域博物館入間川展合同企画協議会『入間川再発見！～身近な川の自然・歴史・文化をさぐって～』二〇〇四年
吉田靖『飯能の今太閤 横浜の星 平沼専蔵・その正義道』二〇一七年
『飯能情緒』第一号、文化新聞社、二〇一一年

玉川学園

理想を実現した愉快なる田園郊外

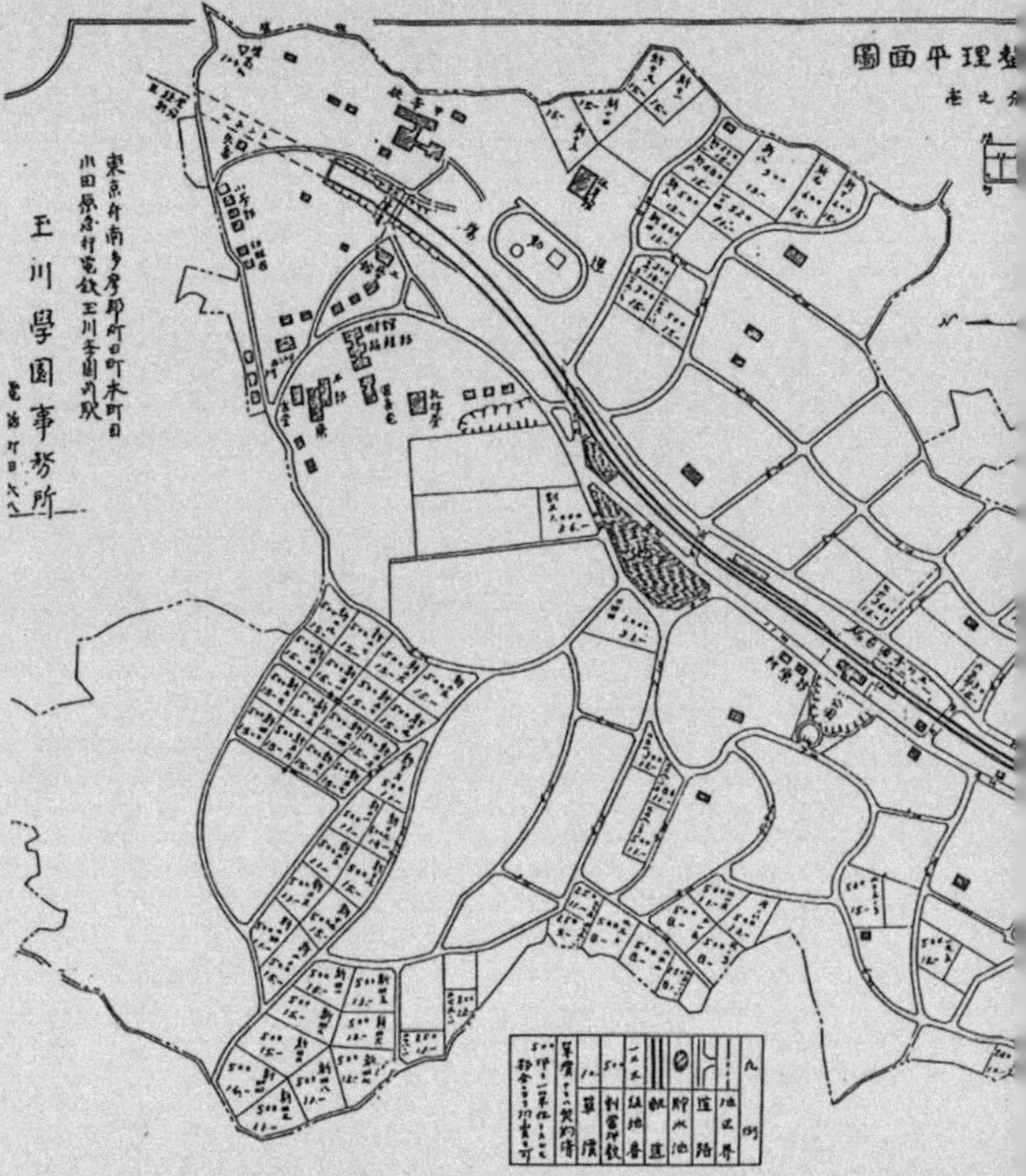

美しい文化・芸術の町

「理想の夢の苗床」「真の教育の道場たる玉川学園の建設費を得るために教師が経営する田園都市」「夢のごとく美しき文化的芸術的都市の建設」「東京近郊の軽井沢」「武相（注：武蔵国と相模国）の平野一望の下、快きスロープ、森林美、交通至便」

玉川学園の住宅地が分譲されたときの宣伝文句である。当然見るべき住宅地だ。特に、最も初期に開発された地区は、豊富な緑、急な斜面、敷地も広く、住宅のデザインも家並みも美しく文化的。教育、芸術、建築関係者が多く住んでいることが街の雰囲気からわかる。文化的だの教育だの言うと堅苦しそうだが、そんなことはない。アイデアや発想の豊かさを感じさせるのだ。窓枠に木枠が多いなど、自然と親しむ生活を好む人が多いであろうことも推察される。藤森照信設計の赤瀬川原平邸、通称「ニラハウス」も玉川学園だ。というところからも愉快なセンスが感じられる町だということがわかってもらえるだろう

玉川学園をつくったのは小原国芳。成城学園の発展に尽力した人間である。

なぜ小原は、成城学園だけでは飽きたらず、玉川学園をつくったのか。それは、成城学園では創立以来「自学自習」「個性尊重」「能率高き教育」「科学的研究の基礎に立つ研究」「自然に親しませる教育」という五つの精神の実現を目指したのに、学園がすぐに帝国大学入試のための予備校のようになってしまったからだった。成城では実現できなかった真の教育を玉川学園で実現しよ

工芸的なセンスの外観をもった住宅が豊かな緑の中に並ぶ

うとしたのである。

そう思い立った小原は、一九二九（昭和四）年に玉川学園を開設した。一九二六（大正五）年には成城高等学校の校長に就任したばかりだから、かなり気が早い。「ロマンチスト」「理想主義者」「ドリーマー」あるいは「直情径行《けいこう》」「大風呂敷」と評された人物らしい動きである。

標高一〇〇ｍに達する山地を重機のない時代に開拓するのも容易ではなかったと思われるが、小原がこういう山地を選んだのには訳があった。一九二八（昭和三）年、小原が京大の同窓会の帰りに奈良県丹波市の天理教本山を見学した際に非常に感銘を受けた。あえて、東京郊外の山の中に自分の理想の教育の場をつくろうとしたのである。

「お願いいたします。私のこの土地に世界一の学校をつくりたいのです。山と丘が欲しいのです。比叡山も高野山も見延山も永平寺も、学問と修行の場は山の中にあります。私はこの丘陵に学問の本山を造りたいのです。」と小原は演説した。「成城学園は平地につくりましたが、どうも平凡になってしまいます」とも言ったというのが、笑える。

「平地だと建物が建つにしたがって前が見えなくなって面白くない。山地ならば、階段のように建物を建てていくと窓からずっとむこうの山も見える。それだけでも豊かな心になれる。」という理由もあった。

こうして小原は、土地を当時の三倍の値段で購入した。資金は、講談社の野間清治から融資を受けた。成城の生徒の父兄で後に王子製紙社長となる井上憲一の紹介だった。

購入した土地を分譲するために町田耕地整理組合が結成され、小原みずからが組合長となった。

そして分譲して得た資金を学園の建設費に充当したのである。

分譲地の広さが平均五〇〇坪というから今から見れば豪邸。別荘地のようなものであった。「夏の夕べ、隣家の台所からキュウリを刻むトントンという音が聞こえると読書が妨げられる」ので「土地の単位を五〇〇坪くらいにすれば大丈夫だろう」というのが五〇〇坪の理由だったそうだが、キュウリの音くらいなら一〇〇坪でも十分だと思うが。

町田の中心は本町田。シュリーマンも訪れた？

住宅には石垣を使わず、高さ九〇cmの生け垣にすること、門構えをつくらないこと、敷地の角を角切《すみ》りにすることが基本とされた。たしかに田園都市が目指されていた。

こうして一九二九（昭和四）年にまず小原ら三家族一五人が入居。二年後には三八戸。一九四五（昭和二〇）年、終戦直後には八〇戸が住んだというから、まだ本当に山の中に小さな集落ができたように見えたかもしれない。あるいはドイツのロマンチック街道の都市のように見えたか。

街道で思い出したが、玉川学園の一部は、昔は本町田村と言った。今も本町田という町名がある。このあたりは丘陵地なので縄文、弥生の遺跡が非常に多い。本町田には鎌倉街道と鶴川街道の分岐点があり、そのため中世には宿場があったらしい。分岐点に面して江戸時代初期に創建した菅原神社という立派な神社がある。

また、幕末には『古代への情熱』で知られ、世界各地を漫遊して紀行文を書いたシュリーマンが原町田村に来て「高い丘の頂からの眺めが素晴らしかった」と書いているそうだから、本町田村近くにも来たかも知れない（シュリーマンが北区の飛鳥山など各地を訪ねていることは拙著『東京田園モダン』を参照）。

対して、今の町田駅あたりは、かつてJR横浜線の駅が原町田駅と言っていたことからもわかるように、川沿いの平地である。原町田村は、もともとは本町田村の共有地の「くさば」として牛馬のエサになる草や、屋根をふくカヤ、薪や炭の原料となる雑木を採る場所だったという。だが、この原町田のほうが鉄道開通後に発展したのである。

また本町田の地主だった小川運太郎は、梅や桜が好きで、所有する山に梅を植え、一九〇九（明治四二）年に「小川園」という梅林をつくったほどだった。園内では自転車競走が行われたという。当時は自転車が文明の象徴として世界的にもてはやされていたからだ。

小川園はその後人手に渡り、「香雪園」という名に変わった。戦後すぐまで入場無料であり、小学校の遠足の地などとしても親しまれたが、農地解放の対象となって消滅。今は住宅地となっている。

赤瀬川原平や吉田謙吉との関わり

玉川学園に関係する人物として興味深いのは吉田謙吉である。吉田は舞台美術家であり、築地小劇場などで活躍したが、本の装幀、石鹸の箱のデザインなど多面的に活動した。関東大震災後、本書でもしばしば登場する今和次郎と一緒に考現学の調査を行った人物でもある。

吉田は児童演劇研究者で玉川学園大学の名物先生と言われた岡田陽《あきら》先生と親しかったようで、玉川大学演劇学部でかなり長い期間講師として舞台美術を教えるため、自宅のある港区の飯倉から通っていた。玉川大学出版部から刊行された事典に舞台装置について書いたこともある。岡田先生から娘の珠江さんを中等部に入れてはどうかと言われたが、月謝が払えないからと断ったという。

しかし珠江さんは七歳から役者になると決めていた。家には演劇関係者がいつも集まっていたから、自然の成り行きだった。謙吉も演劇の道を歩んでほしいと考え、色々応援してくれた。結局役者にはなれなかったが何も言われなかった。

そういう縁のある玉川学園の町に、謙吉が亡くなって五年後の一九八八年に珠江さんら家族は引っ越してきた。都市計画道路の建設で飯倉に暮らせなくなったからだ。また、謙吉の孫の小学生がいたが、家の近くの小さな文房具屋さんが子ども用の学習ノートや折り紙を置かなくなり、ここでは暮らせないと判断したからだった。

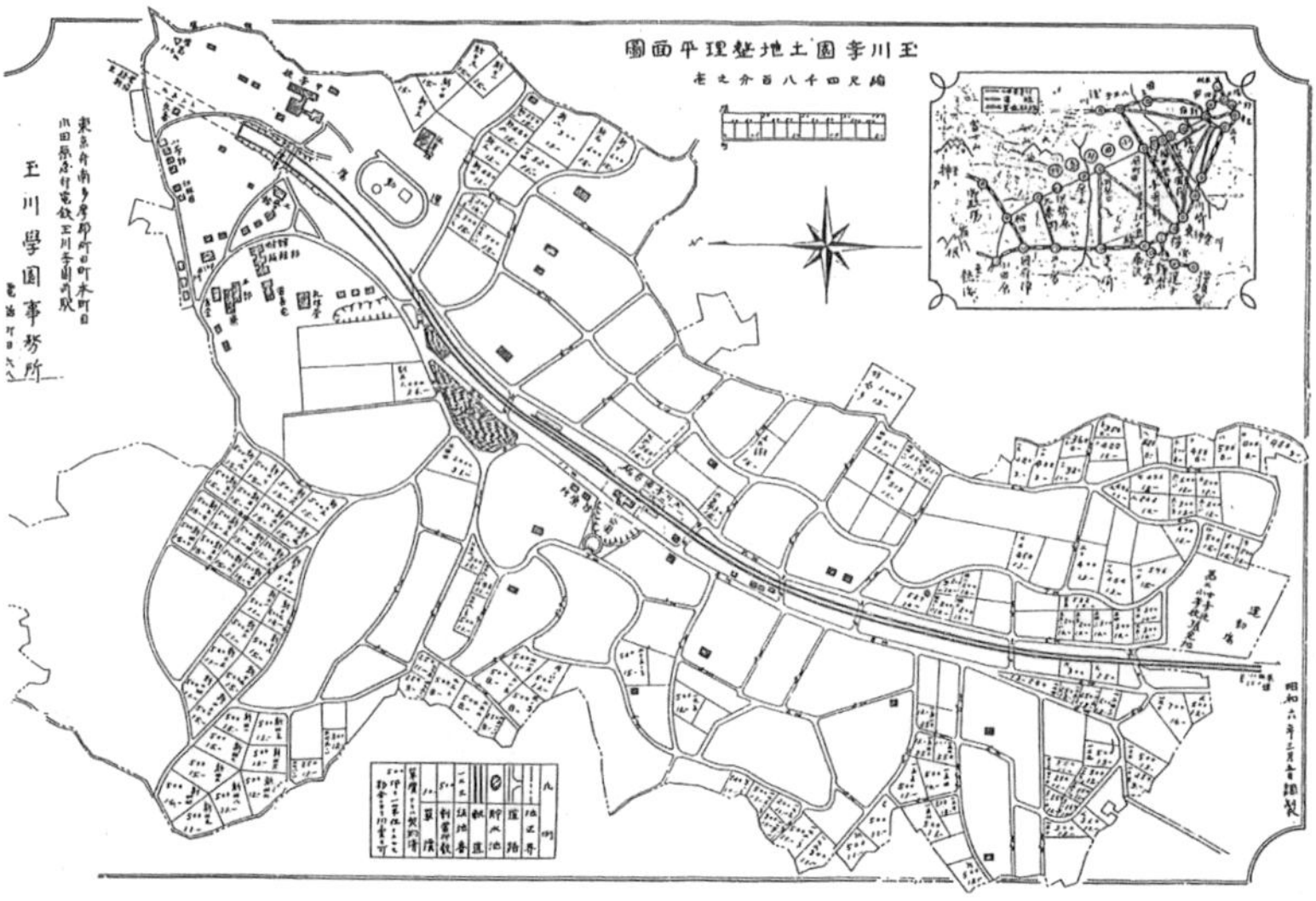

玉川学園の開発当初の土地整理図

引っ越し先を探すにあたり、謙吉に縁のある郊外の地域をいくつか探し、玉川学園になったのだという。都心の地価バブルがまだ郊外に及んでいなかったので、何とか家族全員一緒で住める家が建てられたのだった。設計は若い建築家で、イタリアの、広場を囲むように家がある集合住宅を追究していたので、この家も四世帯の家がコの字に囲む形で建てられた。

また、飯倉にあった吉田邸については珠江さんが二〇一九年にＬＩＸＩＬギャラリーで展示を行い、ブックレットも出版された。絵描きは家の中にアトリエがある、舞台美術家は家の中に舞台をつくる、と考えて、家の中に本当に小さい舞台をつくったというものだ。展示されていた家の模型を見ると、玉川学園に建っていたら似合いそうである。

今和次郎はこの家を見て「愉快な家だなあ」

と言ったという。まさにそうなのだ。玉川学園という街の本質もこの愉快さにあるのではないか。そういえば漫画「のらくろ」の作者、田川水泡も荻窪から玉川学園に引っ越してきた。田川水泡は本名の高見澤からとったもので「たかみずあわ、たがわみずあわ、田川水泡」となった。ご子息で都市計画家の高見澤邦郎氏は今も玉川学園にお住まい。

町田市立博物館には田河水泡が寄贈した、江戸時代から昭和初期までの戯画・漫画関係資料約五五〇点が収蔵されており、『〝のらくろ〟と滑稽画』が開かれた。町田市民文学館でも「滑稽とペーソス～田河水泡〝のらくろ〟一代記」展が開かれるなど、田河水泡に関わる展覧会は多い。

また、田河水泡と吉田謙吉は若い頃に同じアパートに住んだことがあるという。水泡は関東大震災後、芸術家・村山知義らと活動をしていたが、その後漫画家に転身したのであり、もともと演劇、芸術好きは共通なのだ（拙著『東京高級住宅地探訪』『東京田園モダン』参照）。

また村山は関東大震災後、バラック建築の設計にも関わっており、今和次郎のバラック装飾社とともに震災後の建築界で異彩を放っていたというから、「村上―田河―吉田―今」という流れも見える。

先述したように、藤森照信の設計した赤瀬川原平邸も玉川学園にある。藤森も赤瀬川も今和次郎につながる活動をした人たちだ。みつはしちかこ邸もあり、遠藤周作も住んだことがあるという。住民を見るだけでもまったく愉快そうな街なのである。

そういう文化風土のせいか、最近の玉川学園では、玉川学園育ちの女性が中心となってまちづくりが盛んで、子育て中のママさんたちが着物姿でスナックを開いたりしているのだ。実に愉快である。

（参考文献）

酒井憲一「成城・玉川学園住宅地」、山口廣編『郊外住宅地の系譜』鹿島出版会、一九八七年
玉川学園町内会『我がまち 玉川学園地域の80年のあゆみ』二〇〇九年
高見澤邦郎『玉川学園住宅地の戦前および戦後初期の開発状況』二〇〇九年

東久留米・学園町

自由学園の田園住宅地

自由学園を核とする住宅地

東京都東久留米市にある学園町は、建築家フランク・ロイド・ライトのつくった町である。そう言ってもおかしくないほどだ。雑誌『婦人之友』を創刊した羽仁吉一・もと子夫妻が一九二五（大正一四）年に建設した。『婦人之友』の前身である『家庭女学講義』は一九〇三（明治三六）年に創刊し、もと子のキリスト教に基づく理想主義的な教育思想を展開する雑誌であり、夫妻が女性の自由と権利の拡大と新しい生き方を提案するためにつくったものだった。

夫妻は、単に雑誌による女性の啓蒙だけでは飽きたらず、自分たちの理想の教育を実践する場所として学校を創設した。それが自由学園である。西池袋にある自由学園がその発祥の地。その学園が移転した先が東久留米である。

一九一三（大正二）年、夫妻は西池袋に二〇〇〇坪の土地を借り、四〇坪ほどの住宅兼仕事場をつくった。残りの土地にはテニスコートをつくり、一九一六（大正五）年からは『婦人之友』の後に創刊した『子供の友』や『新少女』の読者の子供たちを集めて運動会を開催したりした。

一九二一（大正一〇）年には自らの理想の教育を実践する場として自由学園の創設を決意。校舎の設計をフランク・ロイド・ライトに依頼した。ライトの弟子である遠藤新ともと子が、ある教会で知り合ったのがきっかけである。もと子は遠藤に設計を依頼したのだが、遠藤はライトを紹介し、ライトは夫妻の教育理念に共鳴して、設計を引き受けたのだという。こうして

西池袋の明日館と同様のデザインの東久留米・自由学園本館（上）。他にも遠藤新設計の建物が並ぶ

一九二一年四月には教室一部屋が完成し入学式が開かれた。

郊外に新天地を求める

自由学園は評判を呼び、一九二四（大正一三）年からは屋外学習の場として郊外に農場や運動場にふさわしい場所を探し始めた。夫妻は「教育の場は神のつくりたまいし田園に限ると前々からかたく信じていた」からであった。

こうして武蔵野鉄道の斡旋によって現在の学園町と校地にあたるおよそ一〇万坪を購入する。ちょうどひばりヶ丘駅（当初は「田無町駅」）も開設されていた。

自由学園による住宅地開発は成城学園や玉川学園と同じである。まず土地を買い、その土地を学園自身が住宅地として開発分譲し、その利益を学園の整備に当てるのである。そのため住宅地のほうも自由学園の教育理念にふさわしいものになるように設計される。何でもいいというわけにはいかない。区画は最低二五〇坪であり、住宅は遠藤新らの設計。ひろびろとした田園郊外がつくられたのだ。当初の名称は「南沢学園町」という。

第一期の分譲は一九二五（大正一四）年に完売。一九三六（昭和一一）年に最終分譲が完了した。最初の購入者七四名のうち、官吏・政治家が一二名、医師八名、学者・教育者八名、軍人五名など。

自由学園はまさに田園の中の学園だ

また、博士という肩書きが一〇名、東大卒が一二名、慶應卒が四名、青山学院、同志社、九州大学が各二名、三井物産社員が四名だったという。高学歴であり、かつ自由学園の理想に共鳴した人が多かったことが推察される。

自由学園の思想がしみ出したような住宅地

最初に住宅を建てたのは青山学院大学教授であり、その娘が自由学園の小学校の最初の入学生の一人となった。一九三〇（昭和五）年に完成した小学校の設計はもちろん遠藤新である。また一九二九年には羽仁夫妻も遠藤新設計の新居を構えた。その家は自由学園内に現存している。遠藤新設計の邸宅は他にも多数あり、もと子の長女の婿であるカリスマ的な歴史学者・羽仁五郎邸も遠藤の作品だった。他には建築家の土浦亀城が設計した邸宅もあったという。

さらに面白いのは、遠藤新設計の田中邸では、一時期、羽仁夫妻も含む近所の数家族が共同炊事をしていたというのである。これにより一女性当たりの家事労働が軽減され、女性の社会進出が促進されるという目的であったらしい。共同炊事は当時のヨーロッパの共同住宅でもしばしば見られたものなので、そこから輸入された考え方ではないかと思われる。

今この学園町に行くと、遠藤新らの設計した家が残っているのかどうかは専門家でないとわか

ライト風の家などデザインの良い家が多い

りそうもない。ほとんどの家はすでに建て替えられ、あるいは敷地が分割されている。

それでも建て替えられたと思しき多くの家ですら、遠藤新やライトへのオマージュを感じさせるデザインになっており、四角いプレハブ住宅は非常に少ないし、かといってニューイングランド風もあれば南欧風もあるという混乱した住宅地にはなっていない。敷地分割が進んだとはいえ、庭が広い家もまだ少なくないのである。

また自由学園は、芸術教育や自然教育に力を入れており、中学生は最初に自分の座るイスをつくるし、畑で野菜をつくったり、養豚をしてその肉を食べたりもする。女子は自分で自分の服をつくる授業もある。

そのためだろうが、学園町には、自宅で絵画、音楽の教室を開く家も多いし、庭にたくさんの草花を植えた家も多い。自由学園出身者がそのまま住んでいるケースも多いらしく、そのことが街並み、家並みを守ることにつながっているのだろう。

「守る」というと閉鎖的に聞こえるかも知れないが、そんなことはない。石垣やブロックで敷地を囲む家が少なく、そのため、豊かな庭が歩いていても楽しめるのだ。そのへんが、どことなくおっとりした雰囲気で、自由学園の雰囲気がそのまま街にしみ出しているようである。

私はかつて、ライトの事務所があり、ライト設計の家が今もたくさんある、シカゴ郊外のオークパークという住宅地を訪ねたことがあるが、オークパークの雰囲気と学園町の雰囲気は似ているとも感じた。

シカゴの郊外住宅地オークパーク。フランク・ロイド・ライトの事務所や彼の設計した家が多くある

（参考文献）
内田青蔵「ひばりヶ丘南澤学園町／田無」（片木篤、角野幸博、藤谷陽悦編『近代日本の郊外住宅地』鹿島出版会、二〇〇〇年）

保谷

早稲田大学建築学科教授たちの展示場

「保谷市文化住宅地」を開発した高橋家

日本初の民族学博物館が保谷にあった。つくったのは渋沢栄一の孫、敬三である。敬三とともに民族学、民俗学を研究した一人が保谷の高橋文太郎だったのだ。

西武池袋線保谷駅の南側、西東京市東町の一丁目と三丁目は、戦前は下保谷字北新田といったが、その地の有力地主で保谷駅周辺を所有するのが高橋家だった。高橋源蔵をはじめ高橋文平、高橋源太郎、高橋文太郎と四代にわたり商才があり、金融業にも参入して莫大な資産を形成、武蔵野鉄道の株主にもなっていた。そして関東大震災（一九二三年）以前から武蔵野鉄道（現・西武池袋線）と共同で自分の地所を借地、借家として開発していた。

特に源太郎は保谷のまちづくりに情熱を傾けた。保谷駅を設置し、駅間を走る道路を軸として商工地区と住宅地区を分けるなど、関東大震災後の衛星都市の先駆となる開発を行い、鉄道沿線開発のモデルケースとして注目されたという（日本史学者の荒井貢次郎の言）。

実際、高橋家は、住宅地に良い住民、文化人を増やしたいと考えた。

震災前の一九二二（大正一一）年には、日本女子大学校教授の渡辺英一が小石川区（現・文京区）から転居してきたが、これは保谷に住む、小石川区で小学校の校長だった神蔵幾太郎という人物が、武蔵野鉄道の専務とも懇意であったようで、高橋家の意向を知り、かつて自分が校長として勤めていた学校にいた渡辺にまず目を付け、保谷に転居するように勧めたのである。渡辺は

戦前の高橋邸（出典：『高橋文太郎の真実と民族学博物館：埋もれた国立民族学博物館前史』西東京市高橋文太郎の軌跡を学ぶ会編）

また自分の知人のうち第一水産講習所（後の東京水産大学。現・東京海洋大学）の教授であった妹尾秀美に保谷に住むことを勧め、実際妹尾も転居してきたという。

保谷にあったフランク・ロイド・ライト設計の家

渡辺は親友の建築家、佐藤組の佐藤吉三郎に自宅の設計を相談した。佐藤は、福島県の出身。一九〇四（明治三七）年に東京高等工業学校（現・東京工業大学）の建築科を卒業し、陸軍省委託の技師を務めた後、一九一四（大正三）年に東京において自身の建築事務所を設立した人物。函館市に一九二三（大正一二）年建築の丸井今井函館支店は市の景観形成指定建築物となり「まちづくりセンター」となっている。

その佐藤は、自分の建築の理想を実現してみたいと大いに乗り気になり、神蔵氏の家の隣のツツジ林の中に家を建てることとなった。床の間はなし、ふすまを少なくして、東西南北に窓を設けてできるだけたくさん日光と風を取り入れ、天井、壁を明るくし、気持ちの良い仕事部屋のある静かな二階建てを建てたというから、和風というより洋風のモダンなものだったのだろう。

震災後には資生堂の社長の福原信三の私設秘書であった安成三郎が、資生堂の社員の勧めでこの地に転居してきた。安成は趣味で建築写真を撮っていたが、フランク・ロイド・ライトと懇意だったので、なんと自宅の設計をライトに頼んだという。設計図を高橋父子に見せたところ、あまりに変わった家だったので、これは住宅地の宣伝になる、というので、もともと奥まった土地を借りる予定だったのに、もっと目立つところに敷地を変えて建てたという。

また、安成は吉田松陰の研究でも有名な海軍大佐であった広瀬豊をこの地に転居させただけでなく、資生堂の福原が社員の健康のために運動場を探していたので、今の文理台公園のあるあたりに資生堂の野球場をつくらせるため尽力したという。その野球場はその後東京文理大学（後の東京高等師範学校、東京教育大学、現・筑波大学）の運動場となったため、文理大の「大」と「台」をもじって文理台公園と名付けられたらしい。隣接して農場があったが、これは今も筑波大学附属小学校の保谷田園教場として残っている。

こうして文化的な住民が増えていくが、東京の郊外に急増していた住宅地と競争していくには健康な暮らしを実現できる住宅地にしなければならないと高橋家は考え、東京帝国大学医学部医局員の山川保城氏をこの地に招き、診療所をつくっている。保谷村は当時は無医村だったので、住民によろこばれた。高橋家はまたテニスコートを二面つくり、そこで住民がテニスをするだけでなく、お互いに交流する場として人気だったという。

また源太郎もその長男の高橋文太郎も芸術文化が好きで、東京芸術大学講師の洋画家、加山四郎を無名時代に文太郎所有の貸家に住まわせ、家賃が払えないときは油絵を家賃代わりに与って、加山のパトロンとなった。このようにして東町一帯はいつしか「保谷文化住宅地」とも言われるようになったという。

日本初の民族学博物館が保谷にあった！

さらに高橋文太郎は我が国における最初の民族学博物館もつくった。保谷駅の南東、西東京市東町一丁目一一番地に「民族学博物館」があったのである。

渋沢栄一の孫である日銀総裁・渋沢敬三が民族学者でもあり、彼は収集した民具等を港区三田の自邸の屋根裏の「アチック（屋根裏）ミューゼアム」に保管していたのだが、アチックの一員で民俗学者だった文太郎が約三万㎡の土地と民家を寄付し、博物館としたのである。

文太郎は明治大学政経学部卒業後、立教大学文学部哲学科に入り、その後武蔵野鉄道に入社した。大学時代に山岳部だったことから山の民俗に関心を持ち、アチックミューゼアムからは『武蔵保谷郷土資料』『秋田マタギ資料』などの研究書を上梓している。

保谷市の東伏見に住んでいた民家研究者・考現学者の今和次郎も、博物館の全体構想図を描くとともに民家の移築などに尽力した。

一九三九（昭和一四）年に開館した博物館は民家などの建物を野外に配置する野外ミュージアムの形式をとっていた。一方、民具等は屋内に陳列し一般市民に公開した。かつてこの地に宮本常一らが足しげく通ったという。

野外ミュージアムのアイデアはスウェーデンのスカンセン博物館にあるらしい。渋沢敬三は、横浜正金銀行ロンドン支店への赴任中、ヨーロッパ諸国を歴訪し、アメリカ大陸を横断して帰国するなどさまざまな異文化に接してきた。多くの博物館・美術館を訪ねており、なかでも、強烈な印象を受けたのが一九二四（大正一三）年に訪れたスウェーデンのストックホルムにあるスカンセン博物館だったのだ。これは一八九一（明治二四）年につくられた世界初の野外博物館であり、スウェーデン各地のさまざまな民家と官公庁などに使われていた建物などが移築され一八世紀頃の生活を再現展示しているのだという。屋内外には大勢のスタッフがいて、当時の服装で生活を再現している。今和次郎も渋沢に勧められたのか、渋沢の数年後、一九三〇（昭和五）年から三一年にかけて欧米旅行に出かけ、スカンセンも訪ねている（近藤雅樹「渋沢敬三と民族学博物館」）。

民族博物館設立以前にも渋沢や今和次郎は千駄ヶ谷の日本青年館に一九三四（昭和九）年にで

きた郷土資料陳列所にも関わっていた。その陳列所が将来は民族学博物館に発展する計画であった。

陳列所は三室からなり、第一室が地理学者小田内通敏らによる郷土調査と「郷土の誇り」として各地から送られた労働景観の展示、第二室が民具と民家の展示、第三室が各地の青年団員による郷土研究の成果の展示という構成だった。渋沢は郷土玩具二百点を寄贈し、第二室は今和次郎を中心とする民家研究会が担当した。

同じ一九三四年に渋沢の資金援助により日本民族学会（現・日本文化人類学会四二〜六四年は日本民族学協会に改称）が設立。事務局はアチックミューゼアムの中に置かれた。これが一九三七年に東武鉄道の仮事務所を譲り受けて保谷に移転。日本民族学会附属研究所が開設され、研究員が採用された。高橋文太郎も研究員となった。郷土資料陳列所の資料も保谷に移された。同年、高橋の案内で今和次郎らは高橋の所有する保谷の民家を野外展示家屋の第一号とすべく調査をし、その後、今の教え子である蔵田周忠が主催する武蔵高等工科学校民家研究会の学生たちが詳細な実測を行った後、民家が移築された。

こうして一九三九年五月に、日本民族学会附属民族博物館が開館した。

しかし、博物館は経営難などの理由から一九六二（昭和三七）年に閉館した。民具等の標本・資料約数万点は国に寄贈され、文部省史料館を経て梅棹忠夫による国立民族学博物館（吹田市）に引き継がれ、データベース化され、二〇一七年に研究報告書が刊行されている。また野外展示物の一つである高倉は小金井の江戸東京たてもの園に移築された。

民族学博物館全景
上　民族学博物館本館（袴嘉一郎所蔵・神奈川大学日本常民文化研究所保管）
右　日本民族学会附属研究所（西東京市中央図書館所蔵）
左　野外展示物・高倉とアイヌ民家（西東京市中央図書館所蔵）

長者園文化住宅地

保谷で今和次郎が住んでいたのは、長者園文化住宅地と呼ばれる一帯だった。上保谷駅（現・東伏見駅）の南側（保谷村大字上保谷字下柳沢）の土地を西武鉄道が早稲田大学に寄付し、総合運動場として整備し、駅南口から道路を国立《くにたち》のように放射状に整備した。そして京都の伏見稲荷神社の関東出張所として東伏見稲荷神社を開設し、駅名を東伏見と変え、駅の南東部（保谷村大字上保谷字千駄山）を「長者園」という名の住宅地として開発分譲したのである。

分譲地は一〇〇坪から三〇〇坪であり、道を広く取り、住宅もモダンなものが多く、垢抜けていたという。住民にも早稲田関係者が多かったのか、今と同じ建築学科教授で建築音響学の権威・佐藤武夫も住んだ。面白いことに佐藤が今の家を冗談めかしてディスっている。

曰く、今は「早稲田一の変人」と言われていたのに家は常識的な郊外住宅である。数千冊の書籍が積んである一八畳の書斎が白壁の洋館として独立しているほかは、大工任せの安っぽいものだ。今先生はおそらくあの器用なフリーハンドで方眼紙に書いて大工さんに渡してしまったのだろう。コールテンの洋服を新宿の夜店で買ってこられる態度でこの家ができたものらしい。そのへんは先生らしくて面白い。もっとも、先生にコールテンの理論があるように、この家にも相当の理論があるかも知れぬ。今度聞いてみよう。といった調子で、かなりからかっている。

ところが一方の佐藤の家は、自分としては随分神経を働かせたつもりだが、人に言わせると平

今和次郎邸（出典：高梨由太郎編『建築写真類聚 第9期 第1回 建築家の家 巻1』洪洋社、1934年）

凡だという。負け惜しみに平凡に、見せるところに苦労があるのだと言ってやる、という具合。建築家というのは面倒な人種である。家族中心主義で、客間に重きを置かず、静かな部分とそうでない部分とを判然と分け、洋風を取り入れ、採光、通風に重きを置いた、というのは先述の佐藤吉三郎の考えと近いから時代の流行の一種であろう。

最新建築の展示場

佐藤武夫は早稲田の営繕課に勤めていた江口義雄邸も設計しており、「これはなんとウルトラモダンだ。バウハウスの新工芸、コルビュジエの新建築美学、それらが燦然として保谷村に咲き出している光景である。白と黒

佐藤武夫設計の赤い屋根の家

の階調、赤、緑、銀の室内交響楽、真鍮パイプとガラスとベトンのジャズ、素晴らしい新興建築だ。モダンボーイたちよ。建築の最先端はこの村にありますぞ」と鼻息が荒い。相当アバンギャルドな家が建ったようだが、いまはないだろう。一度見たかった。他にも派手な家が多かったらしく、最新建築の展示場のようだったらしい。挿絵画家の中原淳一と宝塚女優芦原邦子の夫妻も住んだ。芦原はこのあたりは「赤い屋根の多い文化村」と呼ばれたと述懐している。

ただし佐藤武夫邸にその後住んだ主婦はこの家を「住みづらいの一言です」と一刀両断している。押入がない、応接間は天井が高くて暖房費がかさむ、ベランダに行くのに応接間を廊下として使わないと行けない。玄関と広間の天井が低く、装飾品が置きづらい。屋根の勾配が急で冬は雪が瓦と一緒になってず

江口義雄邸（出典：高梨由太郎編『建築写真類聚 第9期 第1回 建築家の家 巻1』洪洋社、1934年）

りおちる。無駄が多くて快適にはほど遠く、男性、建築家の頭の中で考えついたものだとこき下ろしている。

また町には商店も病院も幼稚園もなく生活は不便。夫たちは仕事の帰りに新宿の三越や高田馬場で買い物を言いつかって帰宅したという。こういう郊外住宅地の問題は戦前も戦後もさして変わらなかったようである。

（参考文献）

『保谷市史 通史編3 近現代』一九八九年
丸山泰明『渋沢敬三と今和次郎』青弓社、二〇一三年
横浜歴史博物館『屋根裏の博物館～実業家渋沢敬三が育てた民の学問』横浜歴史博物館・財団法人横浜ふるさと歴史財団、二〇〇二年
近藤雅樹「渋沢敬三と民族学博物館」国立民族博物館学術情報リポジトリ、二〇一〇年

年表・索引

年表

西暦	和暦	本書の該当地域	その他の東京圏	日本 海外	テーマ
一八七二	明治五		新橋—横浜間に日本初の鉄道が敷かれる	このころ野球が伝来する	近代化の始動
一八七三	明治六	公娼廃止運動の影響で一掃された埼玉県内の遊廓が「貸座敷」と名を変えて復活 神谷伝兵衛が酒造の勉強のために一七歳で横浜に行く			
一八七四	明治七	所沢で倉片東吾が「定席亭」を経営			
一八七五	明治八	文部省で「国府台大学校」の建設計画			
一八七七	明治一〇	内国勧業博覧会に八王子から四〇人が参加、三名に優秀賞が授与	東京大学創設 第一回内国勧業博覧会開催		
一八七八	明治一一		東京市一五区制度できる 日本で最初に電灯がつく。東京木挽町（銀座）		
一八八一	明治一四			エジソンによって世界初の電灯事業がニューヨークで開始される	
一八八二	明治一五		東京・銀座にアーク灯が灯され、市民が初めて電灯を見る	日本銀行営業開始	
一八八四	明治一七	国府台大学校（計画中断）予定地だった土地が陸軍省に移管され、陸軍教導団ができる 所沢に森田与次郎による「定席亭」ができる			
一八八五	明治一八	大宮駅ができる 氷川公園（現在の大宮公園）ができる			

一八八六	明治一九	所沢の上町南裏（警察横丁）にあった三好野亭（のちに三好野座）という芝居小屋を倉片東吾が改装 神谷伝兵衛が輸入ワインを改良して独自のワインを製造、蜂印香竄葡萄酒として売り出す 八王子織物工業組合が結成		
一八八七	明治二〇	所沢に小沢平四郎による「定席亭」ができる	東京電灯が一一月に東京の日本橋茅場町から電気の送電を開始。日本初の火力発電所が誕生	
一八八八	明治二一	稲毛に千葉園初の海水浴場が開かれる 医師の濱野昇により「稲毛海気療養所」が設立	東京市区改正条例発布	
一八八九	明治二二		東海道線が新橋から神戸まで全通	大日本帝国憲法公布 東海道本線全通
一八九〇	明治二三	第三回内国勧業博覧会で八王子の小川時太郎の出品した綾糸織が一等有功賞を受賞	浅草凌雲閣（一二階）完成。東京電灯が浅草凌雲閣でエレベーターを運転	ウィリアム・モリス「ユートピアだより」
一八九一	明治二四	「千葉繁昌記」が発行		
一八九三	明治二六			松原岩五郎『最暗黒の東京』刊行
一八九四	明治二七	大宮に日本鉄道株式会社の直営工場が出来る		日清戦争勃発
一八九五	明治二八	久米川―川越を結ぶ鉄道がつながり、所沢駅もでき、所沢駅前に「小澤屋」「神藤屋」といった待合茶屋が開業		日本初の市電、京都電気鉄道が開業
一八九八	明治三一	日鉄工場の跡地に遊廓をつくりたいという「遊廓設置御願」が大宮在住の五人の連名で埼玉県知事に提出される	国木田独歩『武蔵野』発表	

西暦	和暦	本書の該当地域	その他の東京圏	日本　海外
一八九九	明治三二		耕地整理事業法制化	ハワード「明日——真の改革にいたる平和な道」を出版 横山源之助「日本の下層社会」
一九〇〇	明治三三	大宮商業銀行ができるなど大宮に銀行業増加		
一九〇三	明治三六		早慶戦始まる　池袋駅開業 甲武鉄道新宿—甲府開通	ロンドン郊外に田園都市レッチワースがつくられはじめる
一九〇四	明治三七			日露戦争勃発 鉄道の電化が始まる
一九〇七	明治四〇	凸版印刷株式会社の創始者伊藤貴志の「伊藤別荘」が東船橋緑地に建てられる 松戸競馬場ができる		ドイツ工作連盟発足
一九〇九	明治四二	町田で小川運太郎が梅林「小川園」をつくる 大宮工場の従業員の互助団体である工友会が「大演芸館」を開館	山手線電化 玉川電気軌道「玉川遊園地」開業	
一九一〇	明治四三	大宮三業組合が設立 上野で勧業博覧会が開催され、日本勧業銀行本店が本館、迎賓館としても使用される 浦和に共楽座という演芸場が作られた	浅草にルナパーク開園、一一年閉園	日韓併合
一九一一	明治四四	平岡廣高と妻静子が欧州を旅行	東京市の電気局が電灯・電力供給事業を開始	宝塚温泉（後の宝塚ファミリーランド）開業
一九一二	明治四五／大正元		浅草に神谷バー開業	

テーマ

田園都市運動

一九一三	大正二	府中街道を溝の口—川崎間を乗り合い馬車が走り、停留所ができる（小杉十字路付近） 所沢の「雛沢座」が糸問屋の秋田正太郎によって改装されて「歌舞伎座」と改名される 羽仁吉一・もと子夫妻が西池袋に二〇〇〇坪の土地を借り、四〇坪ほどの住宅兼仕事場をつくる	桜新町分譲開始	
一九一四	大正三	京成国府台駅開業 市川に木内重四郎邸できる 鶴見花月園開園し、小山内薫演出、市川猿之介主演の野外劇が上演 佐藤吉三郎が建築事務所を設立	東上線開通 柳宗悦が我孫子の手賀沼に移住、その後武者小路実篤、志賀直哉等「白樺」同人が集まり、その活動が一八年「新しき村」に移行	第一次世界大戦勃発
一九一五	大正四	鶴見花月園で山田耕筰が野外演奏会を開く	武蔵野鉄道開通（現・西武池袋線）（池袋—飯能間） 明治神宮造営開始	
一九一六	大正五	平岡廣高の妻静子が中心となり「日本全国児童絵画展」の開催が始まる 羽仁吉一・もと子夫妻が『子供の友』や『新少女』の読者の子供たちを集めた運動会を始める	田山花袋『東京の近郊』発表 日暮里に渡辺町できる	
一九一七	大正六	習志野市の海沿いの塩田や養魚場が壊滅、京成電鉄がその土地八五万㎡を買収	成城学園創立	ロシア革命
一九一八	大正七	浅草の神谷バーの創始者神谷伝兵衛が病気療養のために稲毛に洋館を建てる	田園都市株式会社設立	米騒動
一九一九	大正八	京成「市川東華園」開業	都市計画法が制定	

温泉ブーム

西暦	和暦	本書の該当地域	その他の東京圏	日本	海外	テーマ
一九二〇	大正九	所沢に陸軍航空学校が設置	後藤新平東京市長に就任			遊園地ブーム
一九二一	大正一〇	船橋に玉川旅館が料亭として創業 市川三業組合が創立 八王子の織物生産は最高潮に達し、日本一のネクタイ産地となる 青梅の織物の年間生産高が最高となる 青梅鉄道「青梅楽々園」開業 陸軍が立川で大演習を実施、同時に立川を航空部隊の基地とするため立川村、砂川村で土地買収 稲毛の浅間神社の北側に京成電鉄が開通	西村伊作『田園小住家』刊行			
一九二二	大正一一	市川の料理旅館の「鴻月」（こうげつ）創業。東京の鶯谷に江戸時代に創業した「料亭　志をばら」を移築したもの 市川に里見八景園開園（一九二二〜二四年頃） 立川飛行場ができる。以来一九三三年まで軍用としても民間飛行場としても利用される 柏の吉田家醤油醸造場、キッコーマンの野田醤油株式会社に買収される 柏地域の二つの村で庭球倶楽部ができる	目白文化村分譲開始、荒川遊園開業 上野で平和記念東京博覧会が開催、住宅展示を文化村として行う。 玉川第二遊園地（のちの二子玉川園）開業 中央線に高円寺駅、阿佐ヶ谷駅、西荻窪駅が開設			文化村ブーム

年	和暦			
		日本女子大学校教授の渡辺英一が小石川区（現・文京区）から保谷に転居 新橋芸妓らが新橋演舞場を設立し、取締役に平岡権八郎が就く		
一九二三	大正一二		九月一日関東大震災。ライト設計の帝国ホテル開業 田園調布分譲開始 丸ビル、日本郵船ビル開業 今和次郎、震災後の銀座に「バラック装飾社」設立 目白文化村第二回分譲 財団法人同潤会が設立	資生堂チェーンストア始まる 文藝春秋創刊
一九二四	大正一三	新丸子に「丸子園」開業 羽仁吉一・もと子夫妻が自由学園の屋外学習の場として郊外に農場や運動場にふさわしい場所を探し始める 所沢の航空学校が所沢陸軍飛行学校と改称	大泉学園、小平学園分譲開始 目白文化村第三回分譲 練馬に「兎月園」開業	
一九二五	大正一四	式場隆三郎の患者であった渡辺金蔵が世界一周旅行に出かける（一九二五〜二六年）。帰国後自邸を改築し始める 京成電鉄が現在の習志野市の海沿いの土地八五万㎡を買収して谷津遊園が開業（当初は京成遊園地） 立川キネマができる 所沢演芸館が設立 羽仁吉一・もと子夫妻が東久留米に南沢学園町を建設、第一期分譲が完売	堤康次郎が国分寺大学都市を売り出す 東急「多摩川園」開業 東京六大学野球始まる	治安維持法

都心オフィス街化と郊外住宅地の分離

震災で被災した市部から郊外郡部への人口移動が増加

西暦	和暦	本書の該当地域	その他の東京圏	日本 海外	テーマ
一九二六	大正一五／昭和元	東急が新丸子に住宅地をつくる 日本勧業銀行本店が改築のため、京成電鉄に売却され、旧日本店は習志野市の谷津遊園に移築され「楽天府」と名付けられる 浦和の岸町の調宮公園前に調宮劇場ができ、新派劇、喜劇、浪花節などを公演、その後は映画を上映 西武「としまえん」開業	不良住宅地区改良法が公布され、不良住宅地区改良に国庫補助が出るようになり、東京府が改良に着手。それまでは、同潤会が改良を進めていた 同潤会中ノ郷、柳島、青山にアパート完成 豊島園一部開業 綱島温泉駅でき、駅前には温泉街が形成され二七年東京横浜電鉄の直営として「綱島温泉浴場」開業。「温泉遊園地　多摩川園」にならって遊園地にする計画は、資金不足の関係でスタート時は断念 神宮球場完成	柳宗悦、日本民芸美術館趣意書を発表 アサヒカメラ創刊	同潤会建設進む
一九二七	昭和二	三田浜に割烹旅館ができる 川崎―登戸間に南武線ができる 武蔵小杉に第一生命グラウンドができる、グラウンド前駅開業	向ヶ丘遊園地開業 武蔵野鉄道が練馬―豊島間を開通 京王閣遊園地開業。設計は関根要太郎と蔵田周忠。施工は竹中工務店 今和次郎、「しらべもの（考現学）展覧会」を新宿紀伊國屋で開催。「考現学」を提唱 同潤会代官山と清澄にアパート完成 同潤会住利共同住宅完成 大井町線大井町―大岡山間開通、東京横浜電鉄渋谷―丸子多摩川間開通 小田急、新宿―小田原間開通	ミース、コルビュジエ等によるヴァイセンホーフジードルング展（住宅展）がシュトゥットガルトで開催 山東出兵	

一九二八	昭和三	立川南口に錦町楽天地ができる 静子が平岡廣高と離婚、赤坂溜池にダンスホール「フロリダ」を開業 吉田甚左衛門が柏競馬場を創設	商務省に工芸指導所ができる	
一九二九	昭和四	三田浜塩田が廃止され三田浜楽園がつくられていく 小原国芳が玉川学園を開設、小原ら三家族一五人が入居 吉田甚左右衛門が柏にゴルフ場を開業 歓楽街となっていた大宮公園で、公園内での業者による営業が廃止された 羽仁夫妻が遠藤新設計の新居を構える	同潤会、鶯谷、上野下、虎ノ門にアパート完成	昭和恐慌 梅田に阪急百貨店開店
一九三〇	昭和五	遠藤新設計による自由学園の小学校が完成	東京商科大学が国立に全面移転、国立大学町がスタート 同潤会大塚女子アパートと江東区住利東町アパート完成	全国廃娼大会、大阪で開催。冷害と不況により東北などの娘の身売りが増加していた
一九三一	昭和六	九美上競馬場が市川に移転し、市川競馬場として開業 谷津遊園に阪東妻三郎の撮影所できる 柏で町民有志からなる野球チーム「柏葉倶楽部」ができる 大宮競馬場ができる	今和次郎、『考現学採集（モデルノロヂオ）』出版（吉田謙吉との共著） 要町にアトリエ住宅建設（すずめが丘アトリエ村） 浅草松屋開店し、屋上にスポーツランドをつくる	満洲事変 読売新聞社が主催する初の日米野球が神宮球場で開催
一九三二	昭和七	静子が溜池に開業した「フロリダ」が全焼 津田又太郎がコルビュジエ風のものに建て替える	東京三五区成立	

考現学

西暦	和暦	本書の該当地域	その他の東京圏	日本 海外	テーマ
一九三三	昭和八	大宮ー赤羽間が電化される 浦和劇場となった共楽座で埼玉県内初のトーキー映画を上映 京成電鉄が開発した海神台分譲地が海浜別荘住宅地として売り出される 川端康成が一九三三〜三五年頃、三田浜楽園を訪れ旅館で小説「童謡」を執筆した 小杉陣屋町にサラリーマン向けの住宅地ができる 花月園の経営が平岡廣高から株式会社花月園に移行 柏競馬場は近隣の若い女性を動員して華やいだ雰囲気を演出 総武鉄道柏ー豊四季間に新駅として「柏競馬場前停留場」を設置	東急東横線の渋谷ー桜木町間が全線開通 同潤会、洗足第二分譲住宅分譲開始 同潤会、雪が谷分譲住宅分譲開始 井の頭線開通（渋谷ー吉祥寺）	小林多喜二獄死 ブルーノ・タウト来日 国際連盟脱退	「大東京」の成立
一九三四	昭和九	京成電鉄は現在の足立区千住緑町に所有していた土地の一部を分譲し、翌年残りの土地を財団法人同潤会に売却 県営大宮球場が完成。谷津遊園内に巨人軍の最初のグラウンド（谷津球場）が建設 県営大宮球場や谷津球場で日米親善野球大会が開催され、ベーブ・ルースやゲーリックがプレイをした	同潤会江戸川アパート完成 石神井池がつくられる 同潤会、江古田分譲住宅地分譲開始 大日本東京野球倶楽部設立し巨人軍誕生		
一九三五	昭和一〇	山崎梅之助が船橋に「伊藤別荘」を別荘地として取得 太宰治が転地療養のために一年間、船橋宮本一丁目に住む	土浦亀城自邸、バウハウス風設計により完成	大阪野球倶楽部（大阪タイガース）設立	

一九三六	昭和一一	山崎鉦三が一九三六年から三七年にかけて、船橋に迎賓館的な使用を目的として木造三階建ての「凌雲荘」（通称「山崎別荘」）を建てる 式場が式場病院の前身、国府台病院を開設 南沢学園町の最終分譲が完了	常盤台住宅地が分譲開始 同潤会が板橋一〇丁目に職工向け住宅分譲	二・二六事件 大日本野球連盟名古屋協会（名古屋軍、現在の中日ドラゴンズ）、名古屋野球倶楽部（名古屋金鯱軍）、大阪阪急野球協会（阪急軍、現在のオリックス・バファローズ）が発足
一九三七	昭和一二	溥傑が嵯峨公爵の長女・浩と結婚	江東楽天地開業	盧溝橋事件
一九三九	昭和一四	式場病院敷地内に式場邸が完成 式場隆三郎が『二笑亭綺譚』をまとめる 立川南口に羽衣新天地がつくられる 武蔵小杉に工業都市駅開業 高橋文太郎が日本初の民族学博物館を保谷の東町につくる		
一九四〇	昭和一五	立川町が人口三万人を超える立川市となる 立川南口耕地整理事業が完了。南口銀座が誕生 勧業銀行本店（楽天府）が現在千葉県企業庁のある中央区長洲一丁目に移築されて、千葉市役所庁舎として六一年まで使用される		
一九四一	昭和一六	所沢の歌舞伎座で活動写真の上映も開始	武蔵野鉄道が豊島園を買収 住宅営団が発足し、同潤会は業務を営団に移管して解散	日米開戦
一九四二	昭和一七	柏競馬場は軍用に使われることになったが四二年に打ち切られ、敷地は場内外のゴルフ場跡地とともに日本光学（現ニコン）の軍需工場となった		

郊外の工業化

プロ野球

西暦	和暦	本書の該当地域	その他の東京圏	日本　海外	テーマ
一九四五	昭和二〇	大宮競馬場が軍需工場に変わる		敗戦	
一九四七	昭和二二	青梅市で一九四七年より一〇年間ほど、夜具地の生産がピークとなり、「ガチャマン景気」と呼ばれた	カスリーン台風において葛飾区の北部ほぼ全域が水没		
一九四八	昭和二三	飯能に平岡レース工場できる			
一九五三	昭和二八	工業都市駅が武蔵小杉駅に統合され廃止			
一九五四	昭和二九		東急不動産が二子玉川園開園		
一九五五	昭和三〇		船橋ヘルスセンター開業		
一九五七	昭和三二			売春防止法施行	
一九六〇	昭和三五	この頃新丸子の三業地は最盛期を迎えて二五軒ほどの料亭が営業			
一九六二	昭和三七	高橋文太郎のつくった民族博物館が閉館			
一九六九	昭和四四	所沢東映が火災で焼失			
一九七〇	昭和四五	何度か改名された所沢演芸館が「日活」として閉館			
一九七五	昭和五〇	吉田家の現在の当主である沢松和子がウィンブルドン大会、女子ダブルスで優勝し、日本プロスポーツ大賞殊勲賞を受賞			
一九八二	昭和五七	「中央映画劇場」と改名された所沢の歌舞伎座が閉館			

【な行】

【は行】

【ま行】

【や行】

【ら行】

索引

【あ行】

【か行】

【さ行】

【た行】

三浦　展（みうら・あつし）
社会デザイン研究者。1958年生まれ。82年一橋大学社会学部卒業後、株式会社パルコ入社。マーケティング情報誌『アクロス』編集室勤務。86年同誌編集長。90年三菱総合研究所入社。99年「カルチャースタディーズ研究所」設立。家族、若者、消費、都市、郊外などの研究を踏まえ、新しい時代を予測し、社会デザインを提案している。著書に80万部のベストセラー『下流社会』のほか、都市関係では『ファスト風土化する日本』『東京は郊外から消えていく！』『新東京風景論』『吉祥寺スタイル』『横丁の引力』『東京田園モダン』『昭和「娯楽の殿堂」の時代』『昭和の郊外』など多数。

娯楽《ごらく》する郊外《こうがい》

2019年5月10日　第1刷発行

著　者　三浦　展

発行者　富澤凡子

発行所　柏書房株式会社
東京都文京区本郷2-15-13　（〒113-0033）
電話（03）3830-1891［営業］
（03）3830-1894［編集］

装　丁　ISSHIKI

組　版　ISSHIKI

印　刷　萩原印刷株式会社

製　本　株式会社ブックアート

ISBN978-4-7601-5103-5